Raymond Erick Zvavanyange

A filosofia e a lógica da ação colectiva na agricultura africana

Raymond Erick Zvavanyange

A filosofia e a lógica da ação colectiva na agricultura africana

Perspectivas na Transformação de África

ScienciaScripts

Imprint

Cover image: www.ingimage.com

This book is a translation from the original published under ISBN 978-3-659-54435-4.

Publisher:
Sciencia Scripts
is a trademark of
Dodo Books Indian Ocean Ltd. and OmniScriptum S.R.L publishing group

120 High Road, East Finchley, London, N2 9ED, United Kingdom
Str. Armeneasca 28/1, office 1, Chisinau MD-2012, Republic of Moldova, Europe
Printed at: see last page
ISBN: 978-620-8-35581-4

QUADRO DE CONTEÚDOS NTS

RECONHECIMENTO

Este estudo não teria sido possível sem o apoio total, o amor, o carinho e o encorajamento de mentes analíticas. Em primeiro lugar, estou grato à minha família, Zvavanyange e Mutsvengure, pela confiança que depositam em mim, tanto na minha vida pessoal como profissional. Em segundo lugar, estou grato ao Sr. Dexter Muranganwa e à Sra. Sandra Muranganwa nee Zvavanyange pelo investimento na minha educação, bem como por serem os meus líderes de claque sempre que surge um "fog". Em terceiro lugar, estou especialmente grato ao amor e apoio fraternos, incluindo a assistência financeira do Sr. Mahjoub Fadlallah Adam (Sudão). O meu querido irmão, Sr. Adam, prova que os valores do Ubuntu são omnipresentes em África. Por último, gostaria de estender os meus sinceros agradecimentos a Eric S.M.S. Makura (Ph.D., Dalhousie), pelo seu papel paternal, rigor intelectual, inspiração e assistência financeira enquanto eu trabalhava secretamente neste estudo. Certamente, a sua pegada não pode faltar em algumas das minhas redacções! *Pax Christi.*

Em quinto lugar, este trabalho e muitos outros que foram escritos por mim são o resultado de interações, encontros casuais e inspiração de colegas humildes e académicos seniores de todo o mundo. Estes colegas, autoridades no seu próprio direito, alimentaram em pequena escala a gema da exploração e da descoberta dentro de mim, para avançar na ciência e na agricultura em África, e são nomeados como se segue: Mildred Kasima (Zimbabué), Robert Mangani (Zimbabué), Albert Tsindi (Zimbabué), Cornellius Gwatirisa (Zimbabué), Dr. Innocent Chirisa (Zimbabué), Prof. Florence Mutambanengwe (Zimbabué), Prof. Paul Mapfumo (Zimbabué), Prof. Idah Niang-Sithole (Zimbabué), Armwell Chindoto Shumba (Zimbabué), Grace Mudombi-Rusinamhodzi (Zimbabué), Bertha Mashayamombe (Zimbabué), Dr. Isiah Mharapara (Zimbabué), Sr. Davison G. Mudimu (Zimbabué), Dra. Mabel Munyuki-Hungwe (Zimbabué), Astrid Huelin (Zimbabué), Benjamine T. Hanyani-Mlambo (Zimbabué), Dr. Unesu Ushewokunze- Obatolu (Zimbabué), Elma T. Sikhala (Zimbabué), Basil Z. Mugweni (Zimbabué), Joshua Zvoutete (Zimbabué), Nomatter Manunure (Zimbabué), Romeo Nyamvura (Zimbabué), Kingston Mujeyi (Zimbabué), Mrs. Ngwarwi (Zimbabué), Petronella Saidi (Zimbabué), Netty Chadenga (Zimbabué), Rutendo Nyahoda (Zimbabué), Wallace Mawire (Zimbabué), Gertrude Mutsamwira (Zimbabué), Nyasha Freeman Musikambesa (Zimbabué), Vimbainashe Chigavazira (Zimbabué), Desire Nemashakwe (Zimbabué), Nyasha Ndemo (Zimbabué), Grace Munetsi (Zimbabué), Chengetai Chakandinakira (Zimbabué), Calisto Ncube (Zimbabué), Rtd. John Tichafara Mutasa (Zimbabué), Livai

Matarirano (Zimbabué), Donald Ditima (Zimbabué), Dorah Mwenye (Zimbabué), Prof. Munashe Shoko (Zimbabué), Dr. Z.A. Chiteka (Zimbabué), Dr. Kingston Mandisodza (Zimbabué), B.N. Sithole (Zimbabué), Lorna Pearson (Zimbabué), Charles Dhewa (Zimbabué), Unity Chipunza (Zimbabué), Prof. Simbarashe Sibanda (Zimbabué), Ericah Mutizwa (Zimbabué), Fungai Marara (Zimbabué), Tawanda Njerere (Zimbabué), Gerald Mangena (Zimbabué), Nyaradzo Cutelilly Mudzana (Zimbabué), Bertie Kangoya (Zimbabué), Archieford Chemhere (Zimbabué), Lyneth Kudzai Mavhingire (Zimbabué), Newton Garikayi Chari (Zimbabué), Godfrey Mamhare (Zimbabué), Benjamin B. S. Madondo (Zimbabué), Netsai Nyakabau (Zimbabué), Dr. Temba Nkomozepi (Zimbabué), Tendayi Clementine Marecha (Zimbabué), Larry Kies (EUA), Dr. Nkulumo Zinyengere (Zimbabué), Dr. Shakespear Mudombi (Zimbabué), Bothwell Makodza (Zimbabué), Dr. Siboniso Moyo (Zimbabué), Tamburiro Pasipangodya (Zimbabué), Dumisani Dube (Zimbabué), Prof. Mandivamba Rukuni (Zimbabué), Irvine Makuyana (Zimbabué), Fortunate Chinyadza (Zimbabué), Admore Waniwa (Zimbabué), Portia Mutasa (Zimbabué), Hasha Seine Maringe (Zimbabué), Susan Kamufoloni (Zimbabué), Patience Shayanewako (Zimbabué), Spiwe Thecla Kanda (Zimbabué), Kudzai Nancy Kufawatamba (Zimbabué), Nyasha Manyika (Zimbabué), Tapfumaneyi Chipisani (Zimbabué), Annah Undenge (Zimbabué), Verengai Mabika (Zimbabwe), Thondlana Kamuphanda (Zimbabwe), Tarirai Mpofu (Zimbabwe), Phathisani Tabengwa (Zimbabwe), Kenneth Mangemba (Zimbabwe), Fr. Felix Nzeyimana (Canadá), dr. Richard Munang (Quénia), Michael Jenrich (Alemanha), Frank Tzeng (Taiwan), Uncle Li (Taiwan), Eric Hsu (Taiwan), Gail Chen (Taiwan), Anjanet Wang (Taiwan), Tom Juan, ˆЖЖ (Taiwan), Ruby (Taiwan), Joe (Taiwan), Pedro Laguardia (Filipinas), Andrew Brown (Taiwan), Sheila Chen (Taiwan), Esther ke (Taiwan), Anna Clariza Samayoa (Honduras), Renata Mirulla (Roma), Danielle Nierenberg (EUA), Jami Willard (EUA), Bob Craft (EUA), Nawsheen Hosenally (Maurícia), David Makobo (República Democrática do Congo), Nigenahagera Come-Colbert (Burundi), Maggie Jian (Taiwan), Anna Crespo (Honduras), Anke Weisheit (Uganda), Dr. Gbadebo Odularu (Gana), Michael Kwabena Osei (Gana), Adebola Adedugbe (Nigéria), Oluwabusayomi Sotunde (Nigéria), Sheldon Walters (Canadá), Msekiwa Matsimbe (Malavi), Jane Bisanju (Quénia), Madeline McCurry Schmidt (EUA), Grace Wainene (Quénia), Ethel Makila (Quénia), Emma Mogaka (Quénia), Kofi Yeboah (Gana), Michel Kere (Burquina Faso), Prof. Bi Yu (Taiwan), Prof. Bau-Jen Jiang (Taiwan), Prof. Kuo-Jung Chao

(Taiwan), Prof. Judi Wakhungu (Quénia), Prof. Tzy-Ling Chen (Taiwan), Prof. Yang-Kwang Fan (Taiwan), Prof. Sybille N. Nyeck (EUA), Prof. Calestous Juma (Quénia, EUA), Prof. Jud Heinrichs (EUA) e Prof. Jules Pretty (Reino Unido).

Finalmente, estou grato às seguintes instituições que, ao longo dos anos, me dotaram de conhecimentos e competências no domínio da ciência e da agricultura: Food, Agriculture and Natural Resources Policy Analysis Network (FANRPAN), The Technical Centre for Rural and Agricultural Cooperation ACP -EU (CTA), Young Professionals for Agricultural Development (YPARD), Training Center in Communication, Kenya (TCC - AFRICA), World Wide Fund for Nature: África Oriental e do Sul (WWF), Nova Parceria Económica para o Desenvolvimento de África (NEPAD): Fish Node, e o Fórum para a Investigação Agrícola em África (FARA). Quaisquer erros neste trabalho ou nos factos relatados são da minha inteira responsabilidade e não dos indivíduos e instituições acima referidos.

RESUMO

Este estudo debruçou-se sobre a filosofia e a lógica da ação colectiva na agricultura africana, com vista a proporcionar novos conhecimentos e capacidades de previsão na agricultura africana. Novos conhecimentos e capacidades de previsão são uma necessidade urgente para a transformação de África. O estudo situou-se no âmbito de múltiplos paradigmas de investigação, nomeadamente, o paradigma analítico, o paradigma pragmático, o paradigma interpretativista e positivista, o paradigma histórico, o paradigma científico e a investigação de métodos mistos, que foram utilizados para determinar a adequação da filosofia e da Lógica da Ação Colectiva na agricultura africana. Um Quadro Conceptual centrado em três I's: Identificar, Interpretar e Instituir, foi utilizado para processar e analisar os conhecimentos disponíveis e as capacidades de previsão na agricultura africana. O estudo estabeleceu que a filosofia e a Lógica da Ação Colectiva são uma fonte formidável de novos conhecimentos e capacidades de previsão na agricultura africana. O estudo também propôs uma filosofia agrária africana. O estudo limitou-se ao conhecimento de factos estabelecidos e, por isso, não apresentou novos dados recolhidos. Em vez disso, o estudo procurou provocar o diálogo e os debates centrados na agricultura africana, como parte da transformação de África. O estudo pode ser utilizado como material de referência em debates sobre a transformação de África. O estudo ofereceu novas formas de aplicar os conhecimentos da filosofia e da Lógica da Ação Colectiva na agricultura africana. A metodologia de investigação utilizada neste estudo pode ser transposta para outros temas de interesse. A metodologia de investigação utilizada no estudo foi escolhida pela sua ênfase pragmática e pelos seus pontos fortes filosóficos.

Palavras-chave:

Agricultura

Estudos de desenvolvimento

Ética Moral

Conhecimento

Ontologia

Filosofia

A lógica da ação colectiva

Transformação

ACRÓNIMOS

AU African Union
AUC African Union Commission
CA Conservation Agriculture
CAADP Comprehensive Africa Agriculture Programme
CSA Climate Smart Agriculture
CTA Technical Centre for Agricultural and Rural Cooperation ACP – EU
EbA Ecosystem-based Adaptation
EBAFOSA Ecosystem Based Adaptation Food Security Assembly
FANRPAN Food, Agriculture and Natural Resources Policy Analysis Network
FAO Food and Agriculture Organization of the United Nations
FARA Forum for Agricultural Research in Africa
ICAAP International Conservation Agriculture Advisory Panel, Africa
NCHU National Chung Hsing University
NEPAD New Economic Partnership for Africa Development
OAU Organization of African Unity
S3A Science Agenda for Agriculture in Africa
SDG Sustainable Development Goal
UAS Unmanned Aerial System
UAV Unmanned Aerial Vehicle
UN United Nations
UNDP United Nations Development Programme
YPARD Young Professionals for Agricultural Development
UA União Africana

1. INTRODUÇÃO

Este estudo procura discutir as perspectivas da filosofia e da Lógica da Ação Colectiva como forma de contribuir para a produção de novos conhecimentos sobre a agricultura africana. A Filosofia e a Lógica da Ação Colectiva podem ajudar-nos a direcionar o foco do conhecimento para a agricultura africana. Este potencial de orientação do conhecimento pode constituir uma base para trabalhar em objectivos e interesses partilhados nas consultas sobre a transformação de África, porque a produção e o aproveitamento de novos conhecimentos são fundamentais para o desenvolvimento da força de trabalho de qualquer país (Juma & Cheong, 2005; Juma, 2016). Os novos conhecimentos são vitais para as capacidades de previsão necessárias para fazer avançar a agricultura africana. A Filosofia e a Lógica da Ação Colectiva, enquanto objectos de investigação, podem proporcionar-nos novos conhecimentos sobre a agricultura africana, longe da narrativa incessante sobre a pobreza, a fome e a degradação ambiental.

A filosofia africana e, especialmente, a assertividade dos povos indígenas de África em matéria de religião, educação, língua e cultura é um tema amplamente investigado entre os académicos (Asante, 2000; Hountondji, 1996; Masolo, 1994; Mbiti, 1970; Osuagwu, 1999). Podemos observar que os académicos em África têm tradicionalmente, e com razão, defendido sem medo a ontologia da filosofia africana quando esta é questionada. Infelizmente, esta defesa e assertividade parecem não conseguir utilizar seriamente, num sentido prático, quaisquer entendimentos filosóficos derivados de África nas questões actuais. Cada vez mais, constatamos que os obstáculos abundam em áreas como os mercados agrícolas, a liderança, os direitos de propriedade intelectual, a biodiversidade e a conservação, a agricultura e os sistemas alimentares, a energia, as ciências climáticas e o ambiente. Estes obstáculos atrasam o progresso da agricultura africana. Colocam em risco a vida de milhões de pequenos agricultores. Na opinião de Abdi (2008), os historiadores, filósofos e especuladores europeus chegaram a conclusões erradas de que "a África e os africanos careciam de legitimidade histórica e de capacidade para produzir filosofia". Abdi argumenta ainda que os africanos não tinham uma compreensão intelectual e prática da filosofia e dos sistemas de conhecimento, o que é, em si mesmo, uma avaliação incorrecta das capacidades dos africanos.

A Lógica da Ação Colectiva foi criada por Mancur Olson (1932 - 1998) em 1965 e centra-se na racionalidade grupal e individual. O argumento de Mancur Olson era que, embora racionais, os grupos de pessoas nem sempre escolhem e agem para promover os seus objectivos e interesses comuns. Masolo (1994), em defesa dos africanos, argumentou que, "na história, antropologia, filosofia e religião, a África era descrita como totalmente inferior à Europa" (p. 4). Considerava-se que a África não tinha qualquer relevância para a civilização mundial. Como refere Hegel (1964; 1975), os africanos estavam privados da capacidade de raciocinar e refletir filosoficamente. Este é o chamado "debate sobre a racionalidade". O conceito de razão, como sublinha Masolo (1994), é um valor que se crê constituir a grande divisão entre o civilizado e o incivilizado, bem como entre o lógico e o místico. Esta observação exclui claramente os africanos.

Alguns estudos académicos sobre a agricultura africana tendem a concentrar-se menos numa análise do pensamento, conhecimento e ação humanos e, em particular, no que motiva as pessoas a unirem-se em prol de interesses e objectivos partilhados. Este estudo defende que existem interesses e objectivos partilhados na agricultura africana e que são um impulso para catalisar a transformação de África. Como este estudo argumenta, é aqui que a filosofia e a Lógica da Ação Colectiva podem apresentar novos conhecimentos e capacidades de previsão. Uma compreensão clara da filosofia e da Lógica da Ação Colectiva pode levar-nos à criação de uma "filosofia agrária africana". Observaremos neste estudo que a filosofia e a Lógica da Ação Colectiva são instrumentos para interrogar a agricultura africana e, nesse processo, criar novos conhecimentos e capacidades de previsão.

É amplamente aceite que os africanos são cada vez mais sofisticados no conhecimento da sua filosofia, crenças, valores, práticas culturais e instituições sociais desde sempre (Asante, 2000; Hountondji, 1996; Kanu, 2014a, 2014b; Masolo, 1994; Mbiti, 1970; Osuagwu, 1999; Widgren, 2016). A necessidade de se concentrar na filosofia e na Lógica da Ação Colectiva é um reconhecimento da contribuição da agricultura africana e das inovações a ela associadas para a transformação de África (AGRA, 2015; Juma, 2011; Foresight, 2011; IAASTD, 2009; NEPAD, 2013; Pretty et.al, 2010; UNIDO, 2011; Banco Mundial, 2008, 2013; World Watch Institute, 2011). A transformação de África é uma prioridade urgente para muitos países africanos e está reflectida em muitos dos quadros de desenvolvimento dos países. Esta urgência de transformação é, por si só, uma filosofia orientadora para os países africanos. Oguejiofor (2004) estabeleceu que 'pensar historicamente no empreendimento filosófico é, portanto, colocar-se numa posição de relevância, o que, por sua vez, envolve compreensão e auto-compreensão'.

O presente estudo faz fronteira com múltiplos paradigmas de investigação a fim de captar perspectivas e processos variados na agricultura africana. O estudo defende que existe uma filosofia agrária africana e que devemos prestar especial atenção a uma série de estratégias-chave, nomeadamente a NEPAD (2002), a FARA (2006), a UA (2003), a UA (2014a), a UA (2014b) e a FARA (2014b). O autor afirma que, na agricultura africana, apesar do seu enorme potencial para fazer avançar a transformação de África em sintonia com a Agenda 2030 (ONU, 2015) e a Agenda 2063 (CUA, 2013), o sector enfrenta uma série de desafios, tais como as elevadas taxas de desemprego dos jovens, o crescimento da população, a escassez de alimentos, a rápida urbanização e a utilização sustentável das terras disponíveis (Cleland, 2013; Keating et al., 2010; Vanlauwe, 2015; Banco Mundial, 2008). É possível argumentar que a agricultura africana deve ir para além da simples criação de meios de subsistência e emprego. A agricultura africana deve ser seriamente encarada como um negócio pelos muitos actores envolvidos na sua teoria e prática. Deveria identificar-se com os milhões de pequenos agricultores, mas deveria ser um centro de geração de conhecimentos e de capacidades de previsão. O estudo defenderá a necessidade de novos conhecimentos e capacidades de previsão, que são processos estratégicos para transformar África. O estudo sustenta que este impulso para a transformação tem como pano de fundo os movimentos sociais que procuram desmantelar o capitalismo em todo o mundo. Embora sejam um espinho na carne para os ricos, os movimentos sociais deram origem a uma nova geração de líderes em África.

Este estudo analisará o estado do conhecimento sobre a inovação agrícola, bem como vários programas, que podem esclarecer a lógica da ação colectiva, com vista a desenvolver a previsão em África. Globalmente, as nossas economias tornaram-se extremamente integradas e, por extensão, os líderes africanos da mudança precisam, por todos os meios necessários, de possuir uma vasta gama de conhecimentos e competências para se envolverem em quaisquer questões problemáticas. Connolly (2014) observou que a noção de agronegócio em África é muitas vezes mal compreendida. Tanto os pequenos produtores como os produtores comerciais estão envolvidos no agronegócio, que, por sua vez, impulsiona o crescimento económico. De acordo com o Banco Mundial (2013), a agricultura e o agronegócio juntos poderiam comandar uma presença de 1 trilião de dólares na economia regional de África até 2030. Na visão de Figueroa (2015), numa metrópole global, a diversidade de experiências que existem mesmo dentro de um contexto local limitado pode implicar significados muito diferentes de soberania alimentar para várias comunidades. Alverson (1978) argumenta que a África não precisa de adotar o modo de produção industrial ocidental, como por vezes é avançado pelas grandes empresas agro-industriais. Forte (2015) define essas manobras de actores estrangeiros na agricultura global como "multiplicadores de força". Na opinião de Alverson, África deve avaliar de forma independente e honesta as suas trajectórias de crescimento no agronegócio. Esta posição seria muito bem recebida pelos libertadores económicos, sociais e políticos, vivos e falecidos, do continente, que afirmaram corajosamente que a África pode e vai ser autossustentável e prover às suas próprias necessidades e exigências. Para ajudar neste esforço, o espírito do Ubuntu e o talento africano existem em todas as esferas da vida dos africanos.

Há um registo da filosofia africana no Egito e na Etiópia e através dos trabalhos académicos de Kwame Nkrumah (1909 - 1972), Julius Nyerere (1922 - 1999), Leopold Senghor (1906 - 2001), e Nnamdi Azikiwe (1904 - 1996). Moyo & Ramsamy (2014) argumentam que a filantropia africana é a base do desenvolvimento. O desenvolvimento, portanto, é primo da transformação, que tem muitas caraterísticas que o diferenciam da transformação de pessoas de fora. Moyo & Ramsamy afirmam a necessidade de "revisitar a ligação entre o pan-africanismo e a filantropia africana, dada a necessidade urgente de solidariedade na resolução de conflitos e as oportunidades de desenvolvimento nas actuais tendências económicas, sociais, culturais e políticas em África". Curiosamente, Malunga (2014) argumenta sobre o "enraizamento" na mudança e no desenvolvimento. Por conseguinte, a filosofia africana não é alheia à agricultura africana, pois está entrelaçada no mundo social das pessoas. Thompson (2007) considera que a filosofia pode ajudar-nos a clarificar os pressupostos ocultos nas definições e abordagens. Esta capacidade pode abrir um novo capítulo na produção de conhecimentos na agricultura africana.

1.1. Antecedentes do estudo

São muitos os apelos a soluções lideradas por africanos para os desafios de desenvolvimento que África enfrenta. Algumas destas soluções assumem a forma de compromissos sociais, económicos e políticos que, numa análise mais atenta, dão pouco ou nenhum fruto, uma vez que os africanos tendem a estar na periferia destes processos. Além disso, quando são propostas soluções tecnológicas e inovadoras, estas tendem a perpetuar a dependência dos países africanos em relação aos sistemas de conhecimento agrícola e às capacidades de previsão criadas por pessoas de fora. Alguns africanos aceitam esta condição, enquanto outros não. Os tecnopolitas africanos argumentam que África ainda não apostou no conhecimento e nas capacidades de previsão através da aplicação da ciência, da tecnologia e da inovação ao desenvolvimento (ACTS, 2016; Juma, 2016). Este estudo argumentará que a produção de conhecimentos agrícolas e científicos, especialmente na agricultura africana, é fundamental para a transformação de África. África deve trabalhar urgentemente para colmatar o défice de conhecimentos e de capacidades de previsão. Há muitos diálogos sobre a oportunidade que África tem de tirar partido, de forma inteligente, dos conhecimentos disponíveis, como os propostos pela "Quarta Revolução Industrial". Estes diálogos são, no mínimo, inspiradores, mas tendem a carecer de africanos que assumam riscos e de campeões da mudança. A menos que existam tomadores de risco e uma compreensão clara da missão em mãos, e do que constitui um novo conhecimento e capacidades de previsão na agricultura africana, a África não aproveitará totalmente os benefícios do conhecimento disponível encontrado em muitos lugares, incluindo os arquivos da humanidade. A agricultura africana pode beneficiar de novas formas de conhecimento, como se pode encontrar na filosofia e na Lógica da Ação Colectiva. O estudo defende que é a 4

A capacidade de explorar habilmente os novos conhecimentos coloca qualquer país na via da transformação. Os novos conhecimentos e as capacidades de previsão podem provir de fontes peculiares. Como este estudo irá argumentar, essas fontes incluem a filosofia e a Lógica da Ação Colectiva.

1.2. Declaração do problema

Este estudo propõe a filosofia e a Lógica da Ação Colectiva como uma nova perspetiva para ver a transformação de África através da agricultura africana. A Filosofia e a Teoria da Ação Colectiva são consideradas como estando no centro desta transformação. O estudo pergunta: Como é que a filosofia e a lógica da ação colectiva se aplicam à agricultura africana de hoje? Recorremos à história da filosofia e a outras disciplinas para compreender a transformação de África. O estudo também pergunta: Devemos estar realmente preocupados com quaisquer novas perspectivas que possam ser encontradas na filosofia e na Lógica da Ação Colectiva na agricultura africana? A filosofia é uma disciplina de base ampla que abrange muitas áreas como a metafísica e a epistemologia, a lógica e a filosofia da linguagem. Contrariamente às actuais circunstâncias académicas em alguns departamentos universitários do mundo ocidental, as tradições anteriores da sociedade consideravam a filosofia como a raiz de todo o conhecimento, abrangendo a ciência, a religião e a lei e a ordem. Podemos observar, a partir da análise histórica, que a filosofia permitia ao homem ver criticamente o mundo à sua volta e a forma como o progresso deveria ser criado. Foi e é assim que um olhar crítico em perspetiva pode ser útil à sociedade. Quando a filosofia é utilizada ao serviço dos homens e das mulheres, podemos gerar novos processos de compreensão e novos conhecimentos. A tarefa do filósofo profissional e amador é, portanto, procurar conhecimentos que sejam essenciais para questões problemáticas e não problemáticas. Este estudo procura tornar o conhecimento agrícola e a ciência da agricultura africana relevantes para os utilizadores.

1.3. Objetivo geral

Estabelecer o significado e a adequação da filosofia e da lógica da ação colectiva na agricultura africana.

1.3.1. Objectivos específicos

Os objectivos do presente estudo são os seguintes

1. Estabelecer o significado e a adequação da filosofia na agricultura africana;
2. Estabelecer o significado e a adequação da Lógica da Ação Colectiva na agricultura africana;
3. Determinar a utilidade da filosofia e da Lógica da Ação Colectiva na agricultura africana; e
4. Fazer algumas recomendações à agricultura africana.

1.4. Questões de investigação

Este estudo foi orientado por quatro questões, as mais importantes das quais são apresentadas a seguir:

1. Como é que a filosofia e a Lógica da Ação Colectiva podem contribuir para a transformação da agricultura africana?
2. O que é uma filosofia agrária africana?
3. De que forma a filosofia agrária africana se relaciona com a Agenda 2030 dos Objectivos de Desenvolvimento Sustentável das Nações Unidas e a Agenda 2063 da União Africana?

1.5. Quadro teórico

O estudo centra-se na obra de Mancur Olson, The Logic of Collective Action (1965). Mancur Olson (1932 - 1998) debruçou-se sobre empresas e bens e sobre um mercado competitivo. O académico argumentou que, em certos casos, há pouco mérito no conceito de grupos que actuam em conjunto para promover os seus interesses comuns. Como se pode ver na inteligência de Mancur Olson, a racionalidade é um princípio central quando se trata das motivações das acções e do pensamento de grupo. A teoria é particularmente importante para a agricultura africana, porque temos argumentos e razões sólidas para esperar que os actores da agricultura africana trabalhem em conjunto para atingir interesses e objectivos comuns. Qualquer contradição a este efeito só serve para perturbar a transformação de África, especialmente na presença de quadros como a Agenda 2030 e a Agenda 2063. A transformação de África é impulsionada por uma série de sectores-chave, incluindo a agricultura e os sistemas alimentares e a gestão dos recursos naturais. Estes sectores-chave são a base de interesses e objectivos partilhados na agricultura africana. Quando as partes interessadas e os intervenientes se juntam para promover esta agenda comum e partilhada, o resultado é a paz e a segurança, a soberania e a solidariedade. O estudo tenta, portanto, circunscrever a filosofia e a lógica da ação colectiva em relação à agricultura africana.

1.6. Importância do estudo

Este estudo procurou beneficiar os actores da agricultura africana e da transformação de África. Podemos observar que a agricultura africana pode fazer avançar a transformação de África. Este enfoque na transformação de África traduz-se em solidariedade, unidade e autonomia entre os países africanos. A partir deste estudo, cada ator obterá os seguintes benefícios

Academia: Este estudo, que adoptou a estrutura e o estilo de uma dissertação, é um trabalho de imaginação na agricultura africana. Apresenta novas formas de utilidade de uma filosofia agrária africana e como esta reforça a visão, os objectivos e os interesses partilhados na agricultura africana. O estudo é provocador na forma como procura novos conhecimentos e capacidades de previsão na agricultura africana. Trata-se de uma nova fronteira na produção de conhecimentos, uma vez que procurou interrogar conceitos aparentemente não relacionados em busca de perspectivas alternativas. São criadas novas perspectivas a partir do enfoque básico e aplicado nos sistemas de conhecimento e nas capacidades de previsão disponíveis.

Governos africanos: Este estudo incentiva os governos africanos a continuarem a dar prioridade a todas as acções que promovam a transformação de África. As perspectivas levantadas destinam-se a provocar o diálogo e a genuinidade na abordagem dos desafios multifacetados que os africanos enfrentam na agricultura, bem como noutros sectores.

Organizações da sociedade civil: A voz dos milhões de pequenos agricultores deve ser encontrada no centro das questões que lhes dizem diretamente respeito. O estudo defende que as histórias de sucessos e fracassos dos pequenos agricultores devem ser contadas com o objetivo de inspirar a próxima geração.

Agências internacionais: Este estudo defende que os organismos independentes que procuram descobrir onde fazer investimentos na agricultura africana devem considerar seriamente a centralidade da produção de conhecimento no avanço da história de qualquer povo, cultura e tradição.

Instituições de investigação e políticas: Este estudo abre novas vias de investigação a seguir, tanto a nível básico como avançado. Tem implicações políticas na medida em que desafia os actores a procurarem constantemente melhorar a sua base de conhecimentos e os instrumentos com que aplicam esses conhecimentos. Este estudo também leva os organismos políticos a considerar seriamente a agricultura africana na transformação de África.

Académicos trans e interdisciplinares: O estudo centra-se na filosofia e na lógica da ação colectiva na agricultura africana por três razões: Primeiro, a filosofia em África é uma expressão e celebração dos feitos intelectuais de África para a civilização mundial. Podemos observar que a civilização atual está centrada no aumento do conhecimento tecnológico e científico, que, quando plenamente aproveitado, pode salvar milhões de vidas da pobreza e da fome. O estudo pretende construir sobre esta base de celebração e expressão. Em segundo lugar, está em curso uma revolução cultural em África. Este facto conduziu a um novo conjunto de mentalidades entre os africanos, que promove a criatividade, a inovação, o empreendedorismo e a engenharia social. Em terceiro lugar, como a filosofia africana tende a situar-se na cultura, na língua e na investigação educacional, isto limita todos os benefícios que podem ser obtidos da filosofia. Como solução, o estudo reposicionará a filosofia e A Lógica da Ação Colectiva no centro da agricultura africana.

Pequenos agricultores: Este estudo estimulará o interesse dos pequenos agricultores pelo facto de o conhecimento que criam e possuem ser igualmente importante em qualquer sistema de conhecimento. O estudo estimula o diálogo sobre a agricultura africana. Estamos em plena atividade numa economia baseada no conhecimento, na qual se torna cada vez mais claro que cada ideia, por mais ilógica que pareça, merece a máxima consideração.

1.7. Pressupostos do estudo

- A agricultura é uma engrenagem na transformação de África;
- Existe uma filosofia agrária africana, que está associada a múltiplas perspectivas;
- As generalizações na agricultura africana são permitidas com base no facto de os actores da agricultura partilharem interesses semelhantes;
- Uma lente multidisciplinar permite ao escritor analisar criticamente as questões em causa;
- Os diálogos políticos promovidos por organizações nacionais, regionais e internacionais em África, centrados em África, são representativos do estado do conhecimento e da tomada de decisões na agricultura africana; e,
- A transformação de África é o objetivo desejado por todos os intervenientes na agricultura africana.

1.8. Definição de termos

Agricultura africana

O InterAcademy Council (2004) afirma que a agricultura africana inclui os diferentes sistemas agrícolas e de produção em África, tais como o milho misto, cereais/raízes, agro-pastorícia e terras altas perenes, florestas, árvores e culturas. Os objectivos da agricultura africana e uma visão da transformação de África estão claramente expressos em AU (2014a).

Transformação agrícola

Argwings-Kodhek, Minde, & Jayne (2002) definem a transformação agrícola como o processo pelo qual as explorações agrícolas individuais passam de uma produção altamente diversificada, orientada para a subsistência, para uma produção mais especializada, orientada para o mercado ou para outros sistemas de troca (por exemplo, contratos a longo prazo). O processo envolve uma maior dependência de sistemas de fornecimento de inputs e outputs e uma maior integração da agricultura com outros sectores da economia nacional e internacional (Argwings-Kodhek, Minde, & Jayne, 2002).

Ação colectiva

De acordo com a FARA (2014a), a ação colectiva é "qualquer ação destinada a promover a proliferação de bens públicos globais para melhorar as condições dos grupos de partes interessadas, que é decretada por um representante das partes interessadas, e onde a ação cooperativa irá reduzir significativamente os custos de transação. Os instrumentos de ação colectiva podem incluir quadros multilaterais (por exemplo, o CAADP), acordos de parceria, redes e organizações de cúpula que permitam uma ação coordenada, baseada na compreensão mútua das questões e políticas sectoriais relevantes." (p. 56). A FARA prossegue afirmando que a liderança de uma autoridade dominante e o interesse próprio mútuo, quando confrontados com uma ameaça comum, são alguns dos factores que permitem o êxito da ação colectiva.

Epistemologia

Levine (1955) considera que a epistemologia é a investigação sobre o que pode ser conhecido e como podemos conhecê-lo. A epistemologia é um ramo principal da metafísica, uma divisão da filosofia. Levine acrescenta ainda que a epistemologia coloca as seguintes questões: -O que é que a mente humana pode conhecer com certeza? Em que é que a opinião difere do conhecimento propriamente dito? Qual é o papel da perceção sensorial no conhecimento e qual é o da razão? Podemos ter a certeza de alguma coisa, exceto da nossa própria experiência e ideias? Em caso afirmativo, como podemos ter a certeza de que as nossas ideias representam exacta e fielmente o que professam representar?" (p. 16).

Prospetiva

A FARA (2014a) afirma que, "a prospetiva constitui uma gama de técnicas e abordagens utilizadas para um objetivo comum: estabelecer uma compreensão partilhada das forças que moldam o futuro, para efeitos de auxílio à tomada de decisões. Dá-nos um meio de identificar a mudança na sociedade ao longo do tempo, para que possamos estar mais bem preparados para enfrentar um estado futuro, encorajar o seu desenvolvimento ou contrariá-lo, alterando o curso da própria mudança" (p. 58). Como argumenta FARA (2014a), "a prospetiva contemporânea está a ganhar terreno devido às crescentes ondas de incerteza e crise, em que uma compreensão comum das forças/factores potenciais e a definição de uma visão são fundamentais para a tomada de medidas" (p. 58).

Filosofia

De acordo com Levine (1955), a filosofia é uma disciplina que envolve reflexão e hábitos críticos de pensamento. Os gregos chamavam à filosofia o amor ou a busca da sabedoria.

Pragmatismo

Levine (1955) observa que o pragmatismo é "um ponto de vista que, na sua conceção da lógica e da verdade, apela especialmente ao temperamento de um povo primariamente interessado em fazer as coisas" (p. 193).

Reflexão crítica

De acordo com Levine (1955), "a reflexão crítica sugere que explicar tudo no mundo, incluindo a própria vida humana, em termos de princípios mecanicistas ou materiais é apenas uma hipótese, uma explicação sugerida. Não exclui, automaticamente, qualquer outra hipótese, como a da religião" (p. 23).

1.9. Delimitações do estudo

- O estudo centrou-se na agricultura africana, tal como é encontrada e praticada em todo o continente africano;

- O autor observou que a investigação abordou de forma abrangente áreas de foco na agricultura africana, como a Juventude na Agricultura (AGRA, 2015; Bojang & Ndeso-Atanga, 2013; FAO, 2014), o sector energético de África (Africa Progress Panel, 2015) e a aplicação das Tecnologias de Informação e Comunicação na Agricultura. Como tal, este estudo não tentou abordar estas áreas de foco;

- O autor não abordou o Acordo de Paris de 2015 e as suas implicações na transformação da agricultura africana, uma vez que está a ser desenvolvida investigação transdisciplinar sobre esta questão;

- A incubação de empresas agro-industriais e a soberania alimentar são áreas de foco emergentes na agricultura africana. As duas áreas serão citadas à medida que clarificarem um determinado conceito ou ideia;

- O estudo centrou-se na evolução da agricultura africana, em particular durante o período: 2010 -2015; e,

- O estudo preocupou-se com as ideias em torno de factos estabelecidos e, por isso, não podia oferecer novos dados. Em vez disso, o autor procurou extrair novas perspectivas da filosofia e da lógica da ação colectiva.

1.10. Limitações

- O estudo centrou-se exclusivamente em consultas sobre a transformação de África através da lente da agricultura africana. Este enfoque exclusivo nos grandes actores tendeu a ofuscar a voz das bases na análise dos conhecimentos disponíveis e das capacidades de previsão na agricultura africana;
- O estudo beneficiaria muito de uma maior interação e participação numa série de fóruns, reuniões e conferências, a todos os níveis, centrados na transformação de África; e
- A transformação de África tem muitos motores. A agricultura é apenas uma das formas de encarar a transformação e não deve ser considerada como representando todo o conjunto de lentes possíveis e disponíveis.

1.11. Resumo

O capítulo introduziu o foco do estudo, bem como uma descrição clara dos Antecedentes do Estudo, da Declaração do Problema, dos Objectivos, das Questões de Investigação, do Quadro Teórico e de outros detalhes pertinentes relativos a um estudo desta natureza. Este capítulo também lançou as bases para a análise subsequente da filosofia e da Lógica da Ação Colectiva na agricultura africana. Os dois aspectos, a filosofia e a Lógica da Ação Colectiva, embora aparentemente não estejam relacionados, podem oferecer novas perspectivas, conhecimentos e capacidades de previsão na agricultura africana. A criação de novos conhecimentos e capacidades de previsão é uma necessidade urgente para África. A agricultura africana é um fator de mudança na produção de novos conhecimentos e capacidades de previsão. Estabelecemos neste capítulo que África é rica em termos de tradição, cultura, erudição, pensadores e filósofos. Não é benéfico para ninguém gastar tempo a comparar África com o resto do mundo com o objetivo de subjugar um povo em detrimento de outro. África é um continente único, com capacidade humana para enfrentar os desafios da agricultura africana, desde que essa capacidade humana tenha em conta a necessidade de gerar novos conhecimentos em todos os domínios do conhecimento. O capítulo observou que existem tradições intelectuais igualmente importantes em África, tal como noutras partes do mundo. Como tal, África deve envolver-se criticamente com o mundo como um parceiro igual. Estabelecemos que a transformação de África é uma necessidade urgente, mas que deve ser construída sobre uma base de conhecimentos sólida. Para a agricultura africana, esta base deve ser constituída por conhecimentos científicos e técnicos, alguns dos quais provêm da ciência, da tecnologia e da inovação.

Os capítulos seguintes são os indicados abaixo:

Chapter 2: Conceção e metodologia da investigação

Chapter 3: Definição de filosofia

Chapter 4: Definir a transformação da agricultura africana

Chapter 5: Definir a lógica da ação colectiva na agricultura africana

Chapter 6: Uma filosofia agrária africana

Chapter 7: Resumo, conclusões e recomendações

2. CONCEPÇÃO E METODOLOGIA DA INVESTIGAÇÃO

2.1. Introdução

O principal objetivo deste capítulo é apresentar uma descrição da conceção e da metodologia de investigação utilizadas no estudo. Uma conceção de investigação é um conjunto sistemático e lógico de abordagens utilizadas num estudo, para recolher provas, reunir dados, que são utilizados como base para inferências, interpretações para explicações e previsões (Aaker, 1999; Cohen, Manion & Morrison, 2007). A conceção da investigação ajuda-nos a responder à pergunta: "Que provas preciso de recolher?" Uma metodologia de investigação refere-se aos métodos pelos quais os dados e as provas são obtidos em resposta aos objectivos e às perguntas da investigação. Este processo permitiu que a redação abordasse as questões do estudo. Existem tantas metodologias de investigação como escritores e investigadores. Principalmente, a investigação académica visa cumprir um conjunto de objectivos, dois dos quais são: uma contribuição única para o conhecimento do assunto de uma forma original e independente; e a descoberta de novos factos e o exercício de um pensamento independente. Pretendemos cumprir dois destes objectivos, de uma forma teórica. O capítulo explora conceitos centrados em factos e dados existentes, com vista a desenvolver quadros explicativos que possam ser utilizados na agricultura africana.

2.2. Paradigmas de investigação

Vários paradigmas de investigação orientaram este estudo. Como a filosofia e A Lógica da Ação Colectiva são distintas, devemos também reconhecer que os paradigmas de investigação descritos neste capítulo se situam em várias disciplinas e profissões, tais como a história, a educação, a filosofia, a metodologia de investigação e a ciência. Este facto atesta a complexidade dos processos envolvidos em obras de imaginação que se preocupam menos com as tradições intelectuais e teóricas que regem as disciplinas e as profissões.

De acordo com Thompson (2007), os filósofos passam grande parte do seu tempo a analisar palavras e conceitos, tentando perceber o que significam e quais as implicações do seu significado para os empreendimentos humanos. Thompson continua a afirmar que a análise filosófica de palavras e conceitos produz uma declaração mais explícita de pressupostos que são geralmente tidos como certos quando as pessoas falam de uma determinada forma. A análise pode revelar a ambiguidade que leva à confusão e à falta de comunicação, e pode fornecer uma visão de como a interpretação de um conceito de uma forma ou de outra pode levar a diferenças grandes e sistemáticas na forma como duas pessoas que utilizam um único vocabulário abordam um determinado tópico.

Os paradigmas de investigação discutidos abaixo são os que informam o problema de investigação explorado ao longo do estudo, embora outros paradigmas de investigação possam ser mencionados em capítulos subsequentes. Os paradigmas de investigação foram especificamente escolhidos pela sua finalidade estratégica para o estudo e os seus objectivos, e não de acordo com os paradigmas de investigação padrão. Os paradigmas de investigação abordados são: Paradigma Analítico, Paradigma Crítico, Paradigma Positivista e Interpretativista, O Paradigma Científico; Pragmatismo, e Paradigma Histórico.

2.2.1. Paradigma analítico

Os processos analíticos centram-se nos elementos mais simples possíveis, a fim de compreender o todo. [1]De acordo com Martinich & Sosa (2001), a filosofia analítica aplica "os métodos de análise lógica a projectos e problemas filosóficos". G. Longworth, da Universidade de Warwick, sugere que "no sentido primário, [a filosofia analítica] é utilizada para descrever a filosofia que procede através da análise - em termos gerais, procurando compreender a composição do seu objeto de estudo (ou conceitos desse objeto de estudo) a partir de componentes simples (ou mais simples). A filosofia analítica centra-se em pequenas partes de questões maiores, na atenção aos pormenores mais finos das pequenas partes, no rigor e na explicitação, sendo esta última frequentemente facilitada pela utilização de métodos formais." Os primórdios da filosofia grega, como o Theaetetus de Platão, e mais tarde, na filosofia moderna, o trabalho de René Descartes (1596 - 1650) e Thomas Hobbes (1588 - 1679) fornecem conhecimentos sobre métodos de análise.

Este estudo utiliza o Paradigma Analítico para explicar a evolução da agricultura africana. Os investimentos significativos e os seus benefícios devem ser continuamente avaliados e analisados em conformidade com quadros como a Agenda 2030 (ONU, 2015) e a Agenda 2063 (CUA, 2013). O estudo não se preocupa com ambiguidades, debates e controvérsias na filosofia analítica nem tenta elevar a filosofia analítica. Em vez disso, o estudo parte das tradições estabelecidas com o movimento filosófico analítico.

1 O Paradigma Analítico aqui discutido encontra paralelos na Filosofia Analítica.

2.2.2. O paradigma crítico

De acordo com Mack (2010) e Cohen et al. (2007), o paradigma crítico deriva da teoria crítica e da crença de que a investigação é conduzida para a emancipação de indivíduos e grupos numa sociedade igualitária. Mack (2010) opina que o investigador educacional crítico tem como objetivo não só compreender ou dar conta dos comportamentos nas sociedades, mas também mudar esses comportamentos. É interessante notar que a ideia de reflexão crítica tem origens antigas. Por exemplo, Sócrates enfatizou a importância do auto-exame crítico, ou de viver a "vida examinada". De acordo com Mezirow (1990), a reflexão crítica é um precursor da aprendizagem transformadora que pode levar a mudanças na compreensão pessoal e, potencialmente, no comportamento. Mezirow afirma que a reflexão crítica ocorre quando analisamos e desafiamos a validade das nossas pressuposições e avaliamos a adequação dos nossos conhecimentos, compreensão e crenças, tendo em conta os nossos contextos actuais. O conceito de reflexão crítica foi reformulado muitas vezes ao longo dos anos. Black & Plowright (2010) e Rogers (2001) observam que os termos reflexão, reflexão crítica, prática reflexiva, pensamento reflexivo e reflexividade têm significados semelhantes e são utilizados indistintamente.

Brookfield (1990) observa que a reflexão crítica tem três fases:

- Identificar os pressupostos (-aquelas ideias tidas como certas, crenças de senso comum e regras de ouro evidentes" que estão na base dos nossos pensamentos e acções);

- Avaliar e escrutinar a validade destes pressupostos em termos da forma como se relacionam com as nossas experiências da "vida real" e o(s) nosso(s) contexto(s) atual(is); e

- Transformar estes pressupostos de modo a torná-los mais inclusivos e integradores, e utilizar este conhecimento recém-formado para informar mais adequadamente as nossas acções e práticas futuras.

Este estudo utiliza a Reflexão Crítica para descobrir os processos de aprendizagem dos indivíduos (incluindo o investigador) e dos actores da agricultura africana. Os indivíduos e as organizações possuem determinados conhecimentos e competências que lhes permitem participar plenamente na agricultura africana e na sua transformação.

2.2.3. O Paradigma Positivista e Interpretativista

O filósofo francês Auguste Comte (1798 - 1857) fundou o positivismo. O positivismo reconhece como válidas apenas as afirmações de conhecimento baseadas na experiência. Os positivistas e os interpretativistas abordam a investigação qualitativa de forma diferente. [2] Lee (1991) observa que, à primeira vista, as duas abordagens/paradigmas são opostas e irreconciliáveis; no entanto, é possível ter um quadro que integre as duas abordagens de modo a que se apoiem mutuamente, em vez de se excluírem mutuamente. Anteriormente, os defensores do interpretativismo argumentaram que o objetivo das ciências humanas é compreender a ação humana. Os defensores do positivismo e os proponentes da "unidade das ciências" defendiam o ponto de vista de que o objetivo de qualquer ciência (se é que deve ser chamada de ciência) é oferecer explicações causais dos fenómenos sociais, comportamentais e físicos.[3] O "positivismo lógico" e o "empirismo lógico" são versões posteriores do positivismo. O positivismo lógico foi desenvolvido pelo Círculo de Viena, um grupo de cientistas e filósofos liderado por Moritz Schlick (1882 - 1936). Este grupo aceitou como doutrina central a Teoria da Verificação do Significado de Ludwig Wittgenstein (1889 - 1951) - que defende que as afirmações ou proposições só têm significado se puderem ser verificadas empiricamente. Este critério foi adotado numa tentativa de diferenciar as afirmações científicas (com sentido) das afirmações puramente metafísicas (sem sentido).

De Villiers (2005) fornece descrições e esclarecimentos sobre a natureza, os objectivos e as diferenças entre os paradigmas de investigação positivista e interpretativista. Em primeiro lugar, De Villiers observa que o paradigma positivista defende que o conhecimento é absoluto e objetivo e que existe uma única realidade objetiva externa aos seres humanos. O método científico, segundo o qual o conhecimento é descoberto através de meios controlados, como as experiências, é equiparado ao positivismo. Em segundo lugar, De Villiers considera que a investigação positivista se destina a produzir uma representação exacta da realidade, imparcial e isenta de valores. Os resultados da investigação devem ser fiáveis e coerentes, isentos de percepções e preconceitos do investigador. Além disso, outros investigadores devem poder reproduzir os resultados. Em terceiro lugar, De Villiers observa que a investigação positivista se baseia principalmente em métodos quantitativos, em que os dados incluem principalmente números e medidas e a análise é efectuada utilizando métodos estatísticos. Os resultados podem ser utilizados para fazer previsões. Os estudos na

2 Os pressupostos ontológicos e epistemológicos conduzem a um paradigma.

3 O cerne da disputa, tal como observada durante o final do século XIX e início do século XX, era a afirmação de que as ciências humanas *(Geisteswissenchaften)* eram fundamentalmente diferentes em natureza das ciências naturais *(Naturwissenschaften).*

investigação positivista são geralmente orientados por hipóteses. Estes métodos quantitativos têm origem nas ciências naturais, mas também são aplicados nas ciências sociais. Em quarto lugar, o interpretativismo procura encontrar novas interpretações ou significados subjacentes e adere ao pressuposto ontológico de múltiplas realidades, que dependem do tempo e do contexto.

Segundo De Villiers, os interpretativistas preocupam-se em compreender os significados que as pessoas dão aos objectos, aos contextos sociais, aos acontecimentos e aos comportamentos dos outros e a forma como esses significados, por sua vez, definem os contextos. Em quinto lugar, a investigação está relacionada com valores, uma vez que o interpretativismo conduz a conclusões subjectivas que podem diferir entre investigadores. O interpretativismo é uma perspetiva adequada para estudos de comportamentos humanos complexos e de fenómenos sociais. Em sexto lugar, podemos observar que o positivismo é mais naturalmente operacionalizado utilizando métodos quantitativos (mas não exclusivamente), enquanto o interpretativismo se presta principalmente (não exclusivamente) a estudos qualitativos. Enquanto o positivismo testa hipóteses, o interpretativismo investiga questões de investigação, centrando-se na compreensão de fenómenos que ocorrem em contextos naturais (etnográficos) e que utilizam dados verbais. Por último, como refere De Villiers, a recolha e análise de dados qualitativos produzem resultados relacionados com pormenores intrincados em que os valores e as experiências humanas são relevantes. A investigação qualitativa também tem em consideração o investigador, que é considerado um instrumento nestes contextos. A fiabilidade na investigação qualitativa pode ser considerada como a adequação entre os resultados registados e as ocorrências no ambiente natural. Os métodos de investigação são frequentemente triangulados por vários métodos de recolha de dados. A entrevista, a observação (participante e não participante) e a análise de documentos são alguns dos métodos habitualmente utilizados nos estudos interpretativistas.

Este estudo utiliza o paradigma positivista e interpretativista para sugerir a existência de uma filosofia agrária africana. Esta filosofia agrária africana e a sua existência, é assumida a partir da unidade da ciência. Como se observa na literatura, o positivismo procura descobrir as relações causais, enquanto o interpretativismo procura descobrir os mecanismos causais. Este estudo procura descobrir as relações e os mecanismos na agricultura africana.

2.2.4. O paradigma científico

A ciência, a religião e a filosofia sobrepõem-se. Levine (1955) estabeleceu que "na procura de novos conhecimentos, os cientistas desenvolveram um certo padrão de teoria e experiência. O estudo deste padrão não faz normalmente parte da ciência, mas insere-se geralmente na filosofia" (p. 348). Segundo Rothchild (2006), a ciência é um processo de aprendizagem da natureza de tudo o que existe no mundo material, desde os átomos até ao mais complexo dos organismos vivos e objectos inanimados. A ciência e a investigação científica não nasceram na Grécia, embora os gregos tenham tido sucesso no uso da lógica na investigação. Jarrad (2001) observa que o objetivo da ciência é o conhecimento: a investigação fundamental procura conhecimentos fiáveis e a investigação aplicada procura conhecimentos úteis. Sanford (1899) observa que o conhecimento das relações causais entre os factos e os fenómenos observados é o objetivo essencial de toda a investigação científica.[4] A investigação científica recorre tanto à lógica dedutiva como à lógica indutiva. A investigação científica distingue-se entre a filosofia natural, tal como praticada por Aristóteles, e a ciência experimental, introduzida por William Gilbert de Inglaterra (1544 - 1603) e Galileu Galilei (1564 - 1642) de Itália, a chamada "ciência antiga" e a "ciência nova/moderna". Sir Francis Bacon (1561 - 1626) e René Descartes (1596 - 1650), são os outros nomes associados ao método científico.

Francis Bacon propôs a ideia de processo sistemático e René Descartes, a de uma ideia que exige prova e raciocínio claro. Ambas as ideias são fundamentais no Método Científico.

Este estudo utiliza a investigação científica para avaliar os factos e os dados. Cada fonte de factos e dados é cuidadosamente analisada em relação ao conhecimento estabelecido, com vista a aceitar ou rejeitar a apresentação.

2.2.5. Pragmatismo

Como movimento filosófico, o pragmatismo começou no final do século XIX com o trabalho de Charles. S. Peirce (1839 -1914), William James (1842 - 1910) e John Dewey (1859 - 1952). De acordo com James (1907), o pragmatismo deriva da mesma palavra grega -pragma", que significa ação, da qual provêm as palavras "prática" e "prático". O pragmatismo é um paradigma de investigação alargado que abrange muitas áreas diferentes, incluindo o conhecimento, a ética, a linguagem e a psicologia (Arens, 1994; Dewey, 1931; Fishman,

4 A investigação científica requer uma dose de criatividade e ceticismo.

1999; Lovejoy, 1908; Rescher, 2000). O pragmatismo parece ser "empirista" e anti-intelectual. O 'princípio do pragmatismo' foi introduzido na filosofia por Charles. S. Peirce, em 1878, no seu artigo -How to Make our Ideas Clear".[5] James observa que o princípio passaria inteiramente despercebido durante vinte anos, até que ele, num discurso perante a união filosófica do Professor Howinson, na Universidade da Califórnia, o apresentou de novo e o aplicou especialmente à religião. Peirce (1904) sugere um -conceito, ou seja, o objetivo racional de uma palavra ou outra expressão reside exclusivamente na sua relação concebível com a conduta da vida; assim, uma vez que, obviamente, nada que não possa resultar da experiência pode ter qualquer relação direta com a conduta, se pudermos definir com precisão todos os fenómenos experimentais concebíveis que a afirmação ou negação de um conceito possa implicar, teremos aí uma definição completa do conceito, e não há absolutamente mais nada" (pp. 162-163). O ponto crucial do "princípio do pragmatismo" é uma teoria do papel do pensamento/crença na orientação da ação.[6]

Este estudo utiliza o pragmatismo para decidir sobre os dados e factos que fazem avançar a "ação" no conhecimento e no pensamento investigados na investigação. Os pragmatistas tendem a ser experimentalistas. Um número significativo de cientistas também é pragmático. As afirmações encontradas na agricultura africana, e a sua transformação, são cuidadosamente avaliadas.

2.2.6. O paradigma histórico

Berg (1989) defende que a investigação histórica é um exame e um relato de elementos de acontecimentos passados ou de uma série de acontecimentos (história). Berg observa que a história e a historiografia não são a mesma coisa. Enquanto a história é simplesmente um relato de um acontecimento passado ou de uma série de acontecimentos, a historiografia visa descobrir, a partir de registos e relatos, o que aconteceu durante um período passado, revelando as complexas nuances, as pessoas, o significado, os conceitos, os acontecimentos e até as ideias do passado que influenciaram e moldaram o presente. Berg continua a afirmar que a investigação histórica vai além de uma mera recolha de incidentes, factos, datas ou números. De acordo com Glass (1989), a investigação histórica é o estudo da relação entre questões que influenciaram o passado, continuam a influenciar o presente e irão certamente

5 C.S. Peirce, *How to Make Our Ideas Clear, Popular Science Monthly* 12 (janeiro de 1878), 286 - 302

6 Existem pequenas divergências entre os filósofos pragmatistas, no entanto, eles tendem a concordar com as visões empiristas do pensamento (e não da crença) e do conhecimento, e com a ênfase no pensamento para orientar a ação e resolver problemas práticos.

afetar o futuro. A investigação histórica envolve um processo que examina eventos ou combinações de eventos, a fim de descobrir relatos do que aconteceu no passado.

Este estudo utiliza o Paradigma Histórico para tecer as interpretações dos principais documentos de resultados, discursos e declarações de reuniões e conferências nacionais, regionais e globais centradas na agricultura africana. O estudo utiliza a ênfase descritiva do Paradigma Histórico para traçar os acontecimentos na agricultura africana.

2.3. O papel do escritor

O escritor teve o privilégio de participar ativamente em alguns dos desenvolvimentos da ciência e da agricultura em África. Este envolvimento despertou o interesse em explorar o conhecimento e as capacidades de previsão na agricultura africana, inspirando-se na obra de Juma (2011) Agricultural Innovation in Africa: The New Harvest. O autor assumiu que esta exposição específica aos desenvolvimentos na ciência e na agricultura é relevante e útil. Nem todos os novos conhecimentos gerados se qualificam como filosofia, e o autor apenas tentou oferecer novas formas de processar os conhecimentos disponíveis na agricultura africana.

O interesse pela "Filosofia e a Lógica da Ação Colectiva na Agricultura Africana" pode ser atribuído ao período entre 2010 e 2012, quando, como estudante de pós-graduação em Taiwan na Universidade Nacional Chung Hsing (NCHU) de Taiwan, República da China, me interessei profundamente pelos mecanismos da agricultura e dos sistemas alimentares do mundo. Como é que tudo se conjuga? O sistema agrícola e alimentar de uma parte do mundo é melhor do que o de outra parte? Nessa altura, o escritor era um estudante de pós-graduação no Programa de Mestrado Internacional em Agricultura. Desde então, e em todas as oportunidades, o escritor tem procurado desenvolver as suas ideias esboçadas centradas na agricultura e nos sistemas alimentares, empregando, no processo, "actos mentais" ou "actos de consciência" sobre os diferentes tipos de conhecimento.

Certos encontros fortuitos com especialistas proeminentes da agricultura africana melhoraram a análise do problema pelo escritor. Isto porque, segundo o autor, e nas palavras de René Descartes (1596 - 1650), "eu não me tinha decidido a determinar" a filosofia e a lógica da agricultura africana. A cristalização das ideias sobre "A Filosofia e a Lógica da Ação Colectiva na Agricultura Africana" chegou finalmente quando o escritor foi convidado, na qualidade de Representante Nacional dos Jovens Profissionais para o Desenvolvimento Agrícola (YPARD), para fazer uma apresentação na Primeira Conferência Africana de

Agronegócios e Incubação - Evento Lateral da Juventude na Primeira Conferência e Exposição de Incubação de Agronegócios em África - Diálogo Político sobre a Criação de Oportunidades Económicas através da Soberania Alimentar e Programas de Incubação de Agronegócios para Homens Jovens e Mulheres Jovens em África, 28th - 30th setembro, 2015, Centro Internacional de Convenções Kenyatta, Nairobi, Quénia. É devido a esta Conferência, e a muitas outras facilitadas através do YPARD, em que o escritor participou desde 2012, que o escritor procurou apresentar novas perspectivas na transformação de África, mas vistas através da lente da agricultura africana. Este estudo, portanto, é um empreendimento que procura concretizar os objectivos definidos na Introdução.

2.4. Quadro concetual

Este estudo centrou-se em **IDENTIFICAR, INTERPRETAR** e **INSTITUIR** como os três aspectos a utilizar para processar qualquer conhecimento e capacidade de previsão na agricultura africana. Os aspectos são descritos a seguir:

IDENTIFICAR: Este é o processo de estabelecer o conhecimento que existe na agricultura africana e noutros domínios.

INTERPRETAÇÃO: É a tentativa de determinar o mérito das fontes de conhecimento, em particular o seu significado.

INSTITUTO: É a criação de novos conhecimentos na agricultura africana. Neste estudo, é aqui que encontramos a filosofia agrária africana.

2.5. Conclusão

Este capítulo explica as metodologias de investigação utilizadas no estudo. As metodologias abrangem diferentes tradições intelectuais e teóricas. Observámos que o paradigma analítico nos ajuda a captar detalhes minuciosos da agricultura africana. O paradigma da Reflexão Crítica ajudou o autor a descobrir os processos envolvidos na aprendizagem e na educação dos actores da agricultura africana. Quando os actores aprendem e recebem uma educação, ficam em sintonia com o impulso de transformação. O estudo utilizou os paradigmas positivista e interpretativista para sugerir a existência de uma filosofia agrária africana. No âmbito da filosofia agrária africana, existem relações entre as variáveis. Na investigação científica, foram utilizados factos e dados para obter novos conhecimentos sobre a agricultura africana. Também estabelecemos no capítulo que o Pragmatismo permite que os actores entrem em ação na produção de conhecimentos. O Paradigma Histórico foi utilizado para relacionar o passado, o presente e possíveis acontecimentos futuros na agricultura africana. Por fim, o escritor contenta-se com o facto de o estudo dever ser visto com múltiplas lentes, havendo momentos em que o escritor faz parte das experiências de transformação de África, e noutros, o escritor tenta usar a objetividade para analisar as experiências. Isto significa, então, uma linha ténue entre os modos de raciocínio indutivo e dedutivo. Estabelecemos um quadro concetual utilizado no estudo para processar qualquer conhecimento e capacidade de previsão na agricultura africana. O capítulo seguinte define a filosofia.

3. DEFINIÇÃO DE FILOSOFIA

3.1. Introdução

A filosofia trata de muitos assuntos e é designada por muitos nomes, tais como "parteira das ciências" e "ciência da poltrona". É uma disciplina universal e intemporal. Na maior parte das vezes, é um filósofo que se interroga e tenta resolver alguns problemas fundamentais, como a ética e os valores, as relações humanas e o sentido da existência social. A filosofia é uma disciplina, mas também se encontra entrelaçada com as ciências sociais e naturais. Não existe uma explicação específica que possa explicar suficientemente a escolha de métodos e a estrutura da filosofia na vida quotidiana. Ultimamente, a filosofia africana tem estado sob pressão quanto à sua existência e/ou inexistência, uma lacuna ontológica que raramente aparece na filosofia ocidental e, por vezes, oriental. Este capítulo explora os princípios básicos da filosofia. É apresentada uma definição de filosofia, seguida de um quadro exploratório alargado com o qual a filosofia passou a ser entendida em determinadas regiões do mundo. Este capítulo defende que temos de alterar a forma como vemos e praticamos a filosofia, uma vez que muito do que é considerado filosofia se tem centrado, mais do que nunca, na filosofia ocidental e nos académicos ocidentais. Este facto torna a filosofia particularmente difícil nos casos em que procuramos criar novos conhecimentos e entendimentos.

3.2. A filosofia como disciplina e prática

Em diferentes culturas e contextos, e em diferentes épocas, as pessoas têm-se questionado sobre o seu ambiente social e físico. Existem provas históricas que demonstram que a filosofia dos pensadores e filósofos gregos clássicos, como Sócrates (469 a.C. - 399 a.C.), Platão (427 a.C. - 347 a.C.) e Aristóteles (384 a.C. - 322 a.C.), foi buscar os seus conhecimentos a outras regiões do mundo, como o Oriente e África. A filosofia é por vezes definida com base na sua natureza, fonte e origem. Pears (1971) observou que "a filosofia abrange muitos temas" (p. 17). Ao descrever a futilidade da utilização do objeto de estudo como uma pista para a natureza da filosofia, Pears acrescenta que qualquer assunto com suficiente generalidade e importância tem um ramo da filosofia que lhe é dedicado. Van der Zweerde (2009) opina que o estado atual da filosofia é simultaneamente global e plural. A filosofia tem muitas áreas especializadas, incluindo a metafísica, a lógica, a epistemologia, a ética e a filosofia da mente, a filosofia da ciência, a filosofia da religião, a filosofia da educação, a filosofia da linguagem e a filosofia da história.

Comentando as dificuldades envolvidas numa descrição clara da filosofia, Pears (1971) observa: "As pessoas que querem saber o que é a filosofia ficam muitas vezes surpreendidas com o facto de os filósofos não acharem nada fácil dizer-lhes. [...] Um filósofo não é um homem de conhecimento universal, nem um livro de filosofia é um compêndio que tornaria desnecessária a compra de outros livros, a menos que alguém quisesse mais pormenores. Assim, deve haver algo de distintivo na forma como os filósofos trabalham, no seu método e no tipo de pensamento que praticam e, por conseguinte, presumivelmente, nas caraterísticas dos seus resultados (pp. 17-18).

A filosofia, portanto, não é um mistério para as pessoas que procuram os seus fundamentos teóricos e aplicações práticas. Serequeberhan (1994) escreve que "a filosofia, africana ou não, é uma exploração interpretativa crítica e sistemática da nossa atualidade histórico-cultural vivida" (p. 3). Por outro lado, Graness (2015) defende que a filosofia é "uma tentativa de reconhecer a totalidade do mundo de uma forma racional, de compreender e explicar a posição dos seres humanos no mundo, as suas actividades e o seu comportamento" (p. 12). Podemos observar que existem diferenças quanto ao que é a filosofia, o que deve ser e como deve ser feita. Wiredu (1980) estabeleceu que a filosofia é -uma disciplina teórica dedicada à argumentação pormenorizada e complicada" (p. 32). Ikuenobe (2001), na sua crítica ao conceito de filosofia de Wiredu, sugere que, na filosofia de Wiredi (sentido técnico), são identificáveis as seguintes caraterísticas: (i) adopta métodos racionais, analíticos, críticos e sistemáticos; (ii) utiliza os métodos rigorosos da ciência; (iii) tem uma tradição escrita que documenta pensamentos individuais; e (iv) pode ser uma disciplina universal. Existem numerosas críticas e contra-críticas sobre a legitimidade do estudo da filosofia. Estas críticas são injustificadas. A filosofia veio para ficar, e podemos nem sempre ter a certeza de como abordá-la como disciplina e prática, mas certamente podemos aprender.

Higgs (2011) sugere duas concepções relativamente ao termo 'filosofia' num contexto africano que reflectem as opiniões dos académicos sobre o assunto. Primeiro, como Higgs observa, a filosofia é definida como uma atividade racional e crítica. Os académicos que adoptam esta definição de filosofia não gostam da tentativa de equiparar a filosofia africana às visões do mundo tradicionais africanas. Higgs continua, dizendo que, ao fazê-lo, este primeiro grupo de académicos faz uma distinção entre a filosofia no sentido popular e a filosofia no sentido académico. No primeiro caso, a filosofia é considerada como estando relacionada com as visões tradicionais africanas do mundo, ao passo que, no sentido académico, a filosofia é uma disciplina teórica como, por exemplo, a física, a álgebra e a linguística, com os seus próprios problemas e métodos distintos. Os académicos africanos que encaram a Filosofia neste sentido académico são designados por filósofos africanos universalistas, porque enfatizam a razão como um fenómeno humano universal. Por outro lado, Higgs constatou que os outros filósofos africanos, que constituem o segundo grupo, defendem que as visões do mundo tradicionais africanas constituem uma autêntica filosofia africana. Este grupo insiste numa definição de filosofia que seja suficientemente ampla para acomodar estas visões do mundo. O recurso às cosmovisões tradicionais africanas é adotado na prática daquilo a que se chama etnofilosofia. Por conseguinte, parece que tais debates, embora necessários, tendem a desviar as prioridades do discurso filosófico.[7] Os debates tendem a afastar os académicos africanos das fronteiras da investigação e das novas investigações sobre a forma como a filosofia deve orientar a vida social de África, bem como noutras áreas como a agricultura africana.

Russell (1945) descreve a dificuldade em compreender plenamente a palavra filosofia para a podermos estudar. Para Russell, a filosofia é algo intermédio entre a teologia e a ciência. Tal como a teologia, a filosofia consiste em especulações sobre assuntos relativamente aos quais o conhecimento definitivo é, até à data, incerto; mas, tal como a ciência, apela à razão humana e não à autoridade, quer seja a da tradição ou a da revelação. Isto é espantoso. Mais uma vez, Russell afirma que há aspectos da filosofia que encontramos em vários domínios quando as pessoas procuram ativamente soluções e progressos. Bertrand Russell resolve então observar que todo o conhecimento definitivo pertence à ciência; todo o dogma sobre o que ultrapassa o conhecimento definitivo pertence à teologia. Entre a teologia e a ciência, como Russell conclui a questão, existe uma Terra de Ninguém, exposta a ataques de ambos os lados. Ele chama a isto filosofia da Terra de Ninguém.

A filosofia é liberal e pode dizer-se que não está em conformidade com as regras e os regulamentos estabelecidos. É uma crítica séria que tende a durar enquanto existirem preconceitos cognitivos. Levine (1955) observa que "[...] a filosofia tenta chegar aos fundamentos do próprio método científico, descobrir os limites do conhecimento humano e distinguir facto e ficção, verdade e opinião, certeza e probabilidade" (p. 12). A filosofia, portanto, procura os seus próprios limites e aplicações.

7A receção das visões do mundo africanas no discurso filosófico é uma reação mista: acordos e desacordos.

3.3. Viver como um filósofo

Todas as pessoas, num momento ou noutro, agiram como filósofos. A filosofia tem a ver com a vida quotidiana. Normalmente, as ciências humanas e naturais são o ponto de partida de muitas investigações filosóficas. Um filósofo (etimologicamente, um amante da sabedoria) especula, observa e critica as relações sociais, bem como aborda problemas fundamentais. Um filósofo examina a vida para a tornar digna de ser vivida. Os filósofos também estão sujeitos a dogmas e controvérsias. De acordo com Weinberg et al. (2010), a tendência dos filósofos, tanto com formação como sem formação, para fazer juízos de intuição de poltrona sobre determinados casos é altamente contestada. Levine (1955) considera que "o filósofo tenta ultrapassar o aqui e o agora, o limitado e o superficial, o pessoal e o unilateral. Ele procura uma perspetiva e está ansioso por ver como um todo tudo o que pode ser conhecido do mundo, tudo o que foi experimentado e tudo o que pode ser recolhido da história e das realizações do homem" (p. 11). A intuição, uma das caraterísticas da mente humana, suscita opiniões controversas na sua utilização em filosofia. Como podemos observar, Spurrett (2008), sugere,

O que as pessoas consideram intuitivo não é nem altamente determinado nem estável. Para as pessoas em geral, o que conta como intuitivo depende em parte da nossa constituição cognitiva evoluída e em parte da aprendizagem e formação culturalmente específicas. As intuições são a base para, e são reforçadas e modificadas por, heurísticas práticas quotidianas para nos deslocarmos no mundo sob várias restrições e para lidarmos com o mundo social; não são concebidas para produzir orientações fiáveis em filosofia, matemática ou no estudo científico do mundo (p. 159).

O filósofo é livre de selecionar, de entre muitos temas, a forma como pretende alcançar a sabedoria. A este respeito, parece plausível que os filósofos procurem diferentes conjuntos de problemas em filosofia. O que os une é a tendência para procurar um conhecimento, um significado e uma compreensão mais profundos.

3.4. A história da filosofia africana

Questionar a história, a existência e (ou) a inexistência da filosofia africana é sinónimo de questionar o que constitui a personalidade africana ou Ubuntu, e a filosofia africana. Esta é uma questão central com significado para uma série de académicos (Asante, 2000; Diop, 1974; Jinadu, 2014; Masolo, 1994; Mudimbe, 1988; Nwala, 1997; Oguejiofor, 2014). Estas questões são difíceis de responder e levantam suspeitas na maioria dos casos, especialmente nos debates entre África e o resto do mundo. De acordo com Oguejiofor (2014), há controvérsias quanto ao início da história da filosofia africana, que deu origem a duas classes de pensamento. Oguejiofor sugere que há uma que remonta ao antigo Egito como o início da filosofia africana, e outra que rejeita o pensamento do antigo Egito como parte da filosofia africana. Diop (1974) argumenta que a maioria das práticas sociais e culturais podem ser rastreadas até ao Egito. O primeiro filósofo conhecido no mundo foi Imhotep, um egípcio que viveu cerca de 2000 anos antes do aparecimento da filosofia grega. Num artigo crítico, Masolo (1994) escreve que o argumento de Cheik Anta Diop (1923 - 1986) pode ser colocado da seguinte forma,

- O Egito tem sido citado e reconhecido como a origem e o líder de muitas formas de civilização humana;
- Muitas destas formas de civilização originárias do Egito têm mais afinidades com formas semelhantes da África superior do que com as suas congéneres indo-europeias e semíticas; e,
- Os egípcios e os africanos são o mesmo povo e estão na origem das civilizações mundiais.

Diop (1974) argumenta que a civilização egípcia serviu de base à civilização grega e a outras civilizações ocidentais.[8] Do mesmo modo, Asante (2000) documenta a importância central da filosofia egípcia nos debates sobre a filosofia africana. Hountondji (1996) declarou: "Por 'filosofia africana', entendo um conjunto de textos, especificamente escritos por africanos e descritos como filosóficos pelos seus próprios autores" (p. 33). Ao longo do tempo, parece haver uma tendência dos académicos ocidentais para negar a existência da civilização africana. O Dr. Kwame Nkrumah, num dos seus primeiros ensaios sobre Educação e Nacionalismo em África, faz perguntas difíceis sobre a filosofia africana. Ele acusa,

O que é África? Quem são os seus povos? Quais são as suas aspirações políticas, sociais e económicas? Porque é que a África é tão importante nesta gigantesca e crítica luta de forças mundiais? E quais são, afinal, as tendências e potencialidades políticas e educativas deste continente?

8 Cheik Anta Diop (1923 - 1986), nas suas muitas obras académicas, argumenta exaustivamente e testemunha os sofismas que os africanos / negros possuem na civilização do mundo.

Os pensadores e filósofos africanos reflectiram muito sobre estas questões ontológicas. Por exemplo, o Ubuntu é uma filosofia africana bem conhecida. Ubuntu significa identidade, consciência e moralidade africanas (humanas/negras). Precisamente, uma pessoa só é uma pessoa por causa das outras pessoas.

Para outros académicos em África, como Koranteng-Pipim (2013), "a libertação da mente é a maior necessidade de África". Koranteng-Pipim (2013) argumenta,

A marca de um verdadeiro africano não é a localização geográfica, a cor da pele, a capacidade de usar alguns panos kente ou qualquer outra peça de vestuário tradicional. Ser um verdadeiro africano não tem a ver com a capacidade de cozinhar e comer um determinado prato, ter uma trança de cabelo específica, dançar um ritmo musical, ter um nome engraçado ou realizar algumas proezas atléticas. Pelo contrário, a caraterística distintiva dos verdadeiros africanos é (ou deveria ser) a sua capacidade de pensar - a capacidade de pensar de forma diferente e de agir de forma diferente. Esta capacidade de pensar e agir de forma diferente é também a marca de uma mente transformada e deve definir o que significa ser africano (p. 17).

Segundo DuBois (1973), o conhecimento de toda a história cultural dos africanos no mundo é importante. W.E.B. Du Bois, num dos seus clássicos, argumentou que o problema do século XX é o problema da linha de cor - que se manifesta principalmente na cor da pele e na textura do cabelo - que se tornará doravante a base da negação a mais de metade do mundo do direito de partilhar, na medida das suas capacidades, as oportunidades e os privilégios da civilização moderna. [9] Este argumento, partilhado por Du Bois, manifestar-se-ia mais tarde no discurso "I Have A Dream" do Dr. Martin Luther King, Jr. O líder americano dos direitos civis, Dr. King, dirigiu-se a uma audiência mista, que incluía muitos afro-americanos, que durante muitos anos foram sujeitos a opressão, domínio e servidão. O Dr. King afirmou no seu discurso ,[10]

Cem anos depois, a vida do negro continua a ser tristemente prejudicada pelas algemas da segregação e pelas correntes da discriminação. Cem anos mais tarde, o negro vive numa ilha solitária de pobreza no meio de um vasto oceano de prosperidade material. Cem anos depois, o negro continua a definhar nos cantos da sociedade americana e vê-se exilado na sua própria

9 W.E.B. Du Bois (1868 - 1963) foi o primeiro afro-americano a obter um doutoramento na Universidade de Harvard (EUA). Mais tarde, DuBois mudou-se para o Gana (África) como convidado especial do Presidente Kwame Nkrumah e diretor da *Encyclopedia Africana*, um projeto que não conseguiu concluir antes de morrer.

10 http://avalon.law.yale.edu/20th_century/mlk01.asp

terra. E assim, viemos aqui hoje para dramatizar uma condição terrível.

A próxima perspetiva significativa é a forma como os africanos e as suas sociedades se transformaram e continuam a transformar-se com o passar do tempo. Há sempre algo de novo na filosofia africana.[11] A filosofia africana pode ser uma fonte de criatividade e inovação numa economia baseada no conhecimento, em que o novo trabalho é "pensar" e a máquina para executar esse trabalho é a "mente". Segundo Kenyatta (1965), "as tradições culturais e históricas do povo Gikuyu foram transmitidas verbalmente de geração em geração". Do mesmo modo, o Dr. Kwame Nkrumah também afirmou que "cada povo procura preservar a sua existência transmitindo à posteridade as coisas que ele próprio manteve". Continua que, ao longo do tempo, as culturas, as sociedades secretas e as cerimónias de iniciação foram alguns dos veículos da cultura africana, especialmente na educação da África Ocidental. Kenyatta (1965) concorda com a importância das ligações entre gerações no que respeita à cultura de cada um. Ele escreve,

Sendo eu próprio um Gikuyu, há muitos anos que as trago na cabeça, pois as pessoas que não têm registos escritos em que se apoiar aprendem a fazer com que uma memória retentiva faça o trabalho das bibliotecas. Sem um caderno ou um diário para anotar as memórias, o africano aprende a fazer uma impressão na sua própria mente que pode recordar sempre que quiser. Ao longo da sua vida, tem muito que memorizar, e a forma viva como as histórias lhe são contadas e os seus incidentes representados perante os seus olhos ajudam a criança a formar uma imagem mental indelével desde os seus primeiros ensinamentos. Em todas as fases da vida, são organizados vários concursos para os membros dos vários grupos etários, para testar a sua capacidade de recordar e relatar, através de canções e danças, histórias e acontecimentos que lhes foram contados, e nessas funções os pais e o público em geral formam uma audiência para julgar e corrigir os concorrentes (p.xvi).

Rukuni (2007) manifesta a sua preocupação com a decadência dos valores e princípios da sociedade africana em todas as esferas da vida. Rukuni (2007) observa que -[historicamente, a sociedade africana foi construída em torno da família, da família alargada, dos vizinhos, dos amigos e da comunidade da aldeia a nível local. É aqui que se formam os cidadãos" (p. 152). Contrariamente às verdades distorcidas sobre África, Rukuni defende que os valores fundamentais da cidadania foram desenvolvidos a nível local. Encontramos valores

11 Adaptado do ditado de Plínio, o Velho (23 d.C. - 79 d.C.) *Há sempre algo de novo vindo de África.*

relacionados com a cultura, a economia e a política. A cultura era omnipresente na sociedade africana. Rukuni acrescenta que "a cultura incluía, em termos gerais, a língua, a educação, a religião, a saúde holística e o entretenimento, enquanto a economia incluía a alimentação, o abrigo, a troca de bens e serviços e outras transacções comerciais. A política e a governação incluíam o processo de "ousar", a lei, a resolução de conflitos e, basicamente, a tentativa de alcançar a paz, a justiça e a equidade". Nos últimos trezentos anos, estes valores e princípios têm vindo a deslocar lentamente a família e a comunidade para o Estado, o governo local e as instituições não governamentais, devido ao colonialismo, ao comércio de escravos e à ocidentalização.

Holomisa (2006) lamenta,

O colonialismo e o apartheid causaram danos incalculáveis aos sistemas socioeconómicos e políticos de África. Os valores ocidentais foram sobrepostos aos nossos, o que levou a que mais pessoas começassem a acreditar que os nossos eram opressivos, retrógrados, discriminatórios e indignos de serem preservados e promovidos. Felizmente, a maioria do nosso povo manteve-se tenazmente fiel às suas culturas, costumes e tradições. Mas a civilização ocidental foi introduzida de tal forma que alguns acreditam que uma condição prévia para o desenvolvimento é o abandono dos costumes africanos (p. 172).

Não há necessidade de abandonar os nossos próprios caminhos com base num conhecimento incompleto e sem uma justificação adequada. Holomisa (2008) reflecte,

Fomos levados a considerar a nossa forma de culto como pagã e pagã; o nosso código de vestuário como bárbaro; a nossa língua como inferior; os nossos sistemas de governação e de administração da justiça como antidemocráticos e retrógrados; os nossos sistemas de saúde e profissões médicas como superstição; a nossa alimentação como pouco saudável; e os nossos sistemas familiares como opressivos para as mulheres e crianças (p. 204).

Jinadu (2014) escreve de forma pungente sobre o nexo entre as filosofias ocidental e africana. Observa que "toda a natureza da filosofia não estaria completa se a filosofia africana não ocupasse um lugar de destaque no esquema do conhecimento" (p. 186).

3.5. A história da filosofia antiga e moderna

De acordo com van der Zweerde (2009), a história da filosofia não é um "objeto" que possa ser estudado: o que pode ser estudado são indivíduos, textos e acontecimentos. Podem ser feitas muitas demarcações em toda a história da filosofia ocidental, e essas demarcações servem vários objectivos. Há registos de atividade intelectual (filosofia ocidental antiga) desde meados do século VIIth a.C. - século VIth a.C. em áreas que hoje designamos por Grécia, Sul de Itália, Norte de África e Médio Oriente. As obras filosóficas eram compostas em latim e grego, embora o grego dominasse o pensamento filosófico.

De acordo com Levine (1955), "só em 600 a.C., nas cidades dos antigos gregos, é que se encontra uma clara evidência daquele temperamento mental e daquele modo de investigação e raciocínio, a partir dos quais se desenvolveram a ciência e a filosofia" (p. 9). A filosofia grega parece ter surgido do mito, da poesia e da religião. Jinadu (2014) defende que "tanto a filosofia ocidental como a africana começaram com a mitologia" (p. 180).

Tales, nascido por volta de 640 a.C. em Mileto, na Jónia, Ásia Menor, é considerado o primeiro filósofo segundo a literatura ocidental. De acordo com este ponto de vista, a longa lista de pensadores gregos: Tales, Anaximandro, Anaxímenes, os pitagóricos, Xenófanes, Heráclito, Parménides e os eleáticos, Empédocles, Anaxágoras, os atomistas, os sofistas (Protágoras, Hippias de Elis, Pródico, Geórgias, Cálicles, Trasímaco, Eutídimo e Dionísio), Sócrates, Heródoto, Xenofonte e Platão desenvolveram uma imagem elaborada do universo em que vivemos.[12] Levine (1955) resume a história da filosofia antiga da seguinte forma,

- -Os primeiros pensadores, conhecidos como Pré-Socráticos, de 600 a.C. - 450 a.C., muitos dos quais viveram na Ásia Menor, apresentaram teorias sobre a natureza e as leis do universo físico.

- Os sofistas, que talvez possam ser descritos como uma classe profissional de professores, debateram em seguida problemas do homem e da sociedade, da moral e da política, da cidadania e do governo.

- Sócrates (469 a.C. - 399 a.C.), um dos maiores pensadores de todos os tempos, pela sua personalidade e integridade de espírito e de carácter, estabeleceu o tom da filosofia grega subsequente.

- Dois grandes mestres e pensadores, Platão e Aristóteles, a cujos escritos tanto devemos, no século IV a.C., desenvolvem a filosofia grega até ao seu ponto mais alto.

- Os sistemas estoico e epicurista marcam a fase final da civilização clássica, após a qual

12 Alguns estudiosos da filosofia e da história dos gregos descrevem-na geralmente de uma forma memorável e viva.

o cristianismo passa gradualmente a dominar toda a vida europeia" (p.26).

Os gregos constituem, em grande medida, a base da civilização ocidental. Dissidentes e apoiantes construiriam e reivindicariam algumas das ideias estabelecidas durante o período grego. O século XVIII é também o período em que o ceticismo universal se ergueu, especialmente na Europa.[13] van de Zweerde (2009), no seu estudo sobre o estado atual da filosofia no mundo, argumenta que a filosofia russa faz parte da tradição filosófica europeia desde o início. Stepanyants (2009) estabeleceu que a filosofia ocidental tinha hegemonia sobre o que se poderia designar por filosofia. Stepanyants observa,

Até há pouco tempo, o modelo ocidental de desenvolvimento era considerado como o tipo de progresso padrão. Era utilizado como orientação para a reavaliação do património nacional. No entanto, no final do último milénio, tornaram-se evidentes as falhas do modelo que até então parecia ideal para muitas pessoas. A consciência da necessidade de procurar um novo paradigma civilizacional tem vindo a crescer. Assim, tanto no Ocidente como no Oriente, as pessoas começam a aperceber-se de que é indispensável um diálogo de culturas que permita não só evitar um conflito entre civilizações, mas também levar a comunidade humana a novos níveis de relações, apoiando-se na sabedoria e na experiência de diferentes nações, principalmente as associadas à história das grandes civilizações (pp. 141-142).

A filosofia na Idade Média centrava-se em nomes proeminentes como Roger Bacon (1214 - 1294), Duns Scotus (1265 - 1308), Santo Agostinho de Hipona (354 - 430 d.C.) e São Tomás de Aquino (1225 - 1274). A filosofia moderna, embora centrada na autoridade e na tradição, afastou-se gradualmente delas. [14] Começou por volta de 1453 com o Renascimento. Koonathan (2011) define quatro períodos na filosofia moderna: O Período Humanista (1453 - 1600) em que dominaram os filósofos clássicos gregos e latinos. No Período das Ciências Naturais (1600 - 1690) em que Sir Francis Bacon (1561 -1626), o filósofo inglês Thomas Hobbes (1588 - 1679), René Descartes (1596 - 1650), Benedictus de Spinoza (1632 - 1677) e G.W. Leibniz (1646 - 1716) tiveram o palco central. John Locke (1632 - 1704), George Berkeley (1685 - 1753) e David Hume (1710 - 1776), na Grã-Bretanha, foram proeminentes durante o período do Iluminismo (1690 - 1781). O mesmo se aplica a Voltaire (1694 - 1778) e Jean-Jacques Rousseau (1712 - 1778) em França. Immanuel Kant (1724 - 1804) destacou-

13 A Idade Média teve também a proeminência dos árabes, da filosofia cristã, de África e do Islão. Não existe uma linha rígida que separe o Período Medieval do Renascimento.

14 Durante a Idade Média, muitas pessoas foram queimadas nas estacas por causa das suas crenças.

se no Período Idealista (1781). Devemos observar que houve um número significativo de filósofos que se igualaram no palco central e que produziram obras igualmente importantes durante esses períodos.

3.6. A história da filosofia oriental

De acordo com Hegel (2001), as filosofias chinesa, indiana e egípcia são coletivamente conhecidas como "filosofia oriental". O sistema filosófico chinês está intimamente ligado a Confúcio (551 a.C. - 478 a.C.). Observamos que Confúcio foi um grande professor sobre as relações comuns da vida. Esta capacidade de ensino teve uma grande ressonância junto das pessoas, especialmente quando o sistema feudal presidia na China antiga. Por exemplo, Confúcio acreditava que o homem podia ser ensinado sobre coisas como a "virtude". Para ele, a "virtude" baseava-se no conhecimento. Wilson (2010) pondera sobre este tipo de conhecimento: Um conhecimento do próprio coração do homem e um conhecimento do género humano. O homem tinha o dever de compreender plenamente o homem.

A filosofia oriental é uma fonte de conhecimentos profundos não só para as pessoas da região, mas também para outras regiões do mundo. Stepanyants (2009) argumenta que os filósofos ocidentais recorreram à experiência "oriental" para resolver vários problemas filosóficos aquando da formulação das suas teorias e sistemas. Uma precisa da outra, e as filosofias devem coexistir se alguma vez for necessário criar novas perspectivas no conhecimento. De acordo com Lai (2009), filósofos chineses proeminentes como Liang Shuming, Xiong Shili, Tang Junyi e Mu Zongsan, embora concordem que a filosofia ocidental tem os seus pontos positivos, defendem que a filosofia chinesa é superior à filosofia ocidental.

Do mesmo modo, na filosofia oriental, a literatura filosófica indiana é escrita em língua sankrit. A barreira linguística (inglês, hindu e chinês) entre a filosofia ocidental e a filosofia oriental é uma das razões pelas quais uma descrição da filosofia oriental é diferente.[15] Perrett (1998) considera que a filosofia ocidental e a indiana abordam amplamente o problema da "verdade". O domínio colonial da Grã-Bretanha teve como consequência uma evolução dupla da filosofia indiana. Em primeiro lugar, a filosofia indiana passou a ser ignorada ou desprezada, uma vez que a atenção foi dada à aprendizagem da filosofia ocidental na maioria das grandes universidades. Em segundo lugar, como observa Perrett (2008),

[...] No entanto, a educação dos indianos na filosofia ocidental também possibilitou o

15 cf. G. Fasiku. (2008).

crescimento de uma classe de filósofos indianos equipados para representar em inglês as riquezas da tradição sânscrita, particularmente nas suas várias relações com a filosofia ocidental. Assim, a sua educação colonial na filosofia ocidental foi uma condição necessária para que Surendranath Dasgupta e Sarvepalli Radhakrishnan pudessem escrever as suas histórias pioneiras da filosofia indiana em língua inglesa, e a estas obras seguiram-se outros estudos mais especializados de filósofos indianos modernos como K.C. Bhattacharya, Satischandra Chatterjee, D.M. Datta, Mysore Hiriyanna, T.R.V. Murti, etc. - uma tradição interpretativa continuada em tempos recentes por filósofos indianos como J.N. Mohanty e B.K. Matilal. A esperada classe de intérpretes de Macauley começou não só a transmitir o conhecimento ocidental aos indianos, mas também o conhecimento indiano aos ocidentais (p. 20).

Cada geração tem a oportunidade de preservar e fazer avançar as suas próprias tradições filosóficas. Dasgupta (2004) estabeleceu que a filosofia indiana pode ser encontrada na arte, na arquitetura, na literatura, na religião, na moral e na ciência. O Verdas é a literatura mais antiga da Índia. Dasgupta (2004) sugere,

É muito provável que muitas das partes mais antigas desta literatura sejam tão antigas como 500 a.C. a 700 a.C. A filosofia budista começou com o Buda por volta de 500 a.C. Há razões para acreditar que a filosofia budista continuou a desenvolver-se na Índia numa ou noutra das suas formas vigorosas até por volta do século X ou XI d.C. Os primórdios dos outros sistemas de pensamento indianos também devem ser procurados principalmente entre a idade do Buda e cerca de 200 a.C. (p. 7).

Os sistemas de valores da filosofia ocidental e oriental são muito diferentes. Por exemplo, a filosofia ocidental é individualista, capitalista, orientada para o lucro e frequentemente sinónimo de materialismo. Por outro lado, a filosofia oriental está centrada nos valores da família e da comunidade acima dos interesses individuais. Neste caso, a filosofia africana está centrada no Ubuntu. A filosofia oriental dá importância à espiritualidade acima do bem-estar material. Isto explica em parte o interesse pelas filosofias orientais e outras quando a filosofia ocidental não tem respostas.

3.7. Alguns problemas principais da filosofia

Há muitos problemas filosóficos.[16] É muitas vezes difícil descrever o que é o conhecimento

16 Esta secção é adaptada das obras clássicas de dois filósofos: Bertrand Russell (1872 - 1970) e G.E. Moore (1873 -

e como o podemos alcançar. Nalguns casos, nem sempre sabemos o que é a realidade e como a podemos descrever. Cada indivíduo é suscetível de manter uma posição em relação a um assunto, dependendo da sua própria base de evidências. Podemos constatar que, em geral, há problemas que preocupam os leigos e problemas que preocupam os filósofos. Por vezes, estes conjuntos de problemas sobrepõem-se. Outras vezes, não. Além disso, os métodos para resolver esses problemas são diferentes. As respostas também são diferentes. Na opinião de Moore (1953), há problemas que se relacionam com o mundo exterior e problemas que se relacionam com o problema das ideias gerais. Moore continua a dizer que o primeiro e mais importante problema da filosofia é "dar uma descrição geral de todo o universo, mencionando todos os tipos mais importantes de coisas que sabemos estarem nele" (p. 2). O Universo é um quebra-cabeças para muitos e continuará a sê-lo durante muitos anos. Os filósofos estarão sempre empenhados na tentativa de descrever o Universo. Russell (1912) explora vários problemas em filosofia, descrevendo em cada caso o desenvolvimento histórico das ideias, os problemas filosóficos e o conjunto de argumentos apresentados por pensadores e filósofos em cada caso. Russell defende que não há duas pessoas que cheguem às mesmas descrições e conclusões, na "aparência" e na "realidade". Observa que a filosofia pode não responder a tantas questões como desejaríamos, mas faz alguma coisa nesse processo. A filosofia, prossegue Russell, "tem pelo menos o poder de fazer perguntas que aumentam o interesse pelo mundo e mostram a estranheza e a maravilha que se encontram logo abaixo da superfície, mesmo nas coisas mais comuns". McGinn (1997) argumenta que Ludwig Wittgenstein (1889 -1951) reconheceu a importância de compreender a natureza dos problemas filosóficos e de refletir sobre os métodos adequados para os abordar" (p. 2). Existem questões não resolvidas na filosofia, tais como as distinções entre verdade e falsidade, os limites do conhecimento filosófico, o valor da filosofia e o conhecimento. Qualquer tentativa de resolver um problema filosófico sem um método definido pode revelar-se inútil. Nalguns casos, tem sido mesmo difícil definir os problemas que a filosofia deve abordar, enquanto disciplina.

3.8. Conclusão

Este capítulo apresentou uma panorâmica da filosofia, enquanto disciplina e prática. Estabelecemos neste capítulo que a filosofia é uma forma de civilização humana. A filosofia foi transmitida de pessoa para pessoa através do contacto e da associação humana. Não existe

---

1958).

uma definição única e estabelecida de filosofia. É absolutamente claro que a filosofia parece ser uma arte e uma ciência. A filosofia é a "mãe de todas as ciências" e é uma "ciência de poltrona". Contém métodos de análise sofisticados, particularmente úteis nas sociedades africanas, e outras novas aplicações. Podemos descrever melhor o nosso mundo social e testar os instrumentos e métodos filosóficos na agricultura africana. Os ramos da filosofia também foram explorados neste capítulo. As filosofias, independentemente do seu ponto de origem, são interdependentes. Os que procuram a sabedoria e o conhecimento nas várias regiões do mundo devem preservar a filosofia e mantê-la ativa de muitas formas criativas. A língua não deve ser um obstáculo à investigação da natureza e dos métodos da filosofia. A filosofia é dinâmica e, como Ludwig Wittgenstein (1889 - 1951) argumentou de forma inteligente, a filosofia torna-se estática devido à linguagem que utilizamos, que, na sua essência, nos cega para a beleza de colocar novas questões e procurar novas perspectivas. O capítulo seguinte define a transformação da agricultura africana.

4. DEFINIR A TRANSFORMAÇÃO DA AGRICULTURA AFRICANA

4.1. Introdução

A transformação da agricultura é indispensável para o desenvolvimento a longo prazo em África. Esta observação é um reconhecimento dos desafios que África enfrenta. Sem transformação, a agricultura de África não passa de um sonho. Parece haver estratégias limitadas para enfrentar os desafios da agricultura e dos sistemas alimentares de África, especialmente a fome e a insegurança alimentar. Além disso, as desigualdades de rendimento e de riqueza estão a aumentar, bem como os impactos das alterações climáticas. Afigura-se, por conseguinte, que, para realizar a transformação de África, é necessário introduzir certas mudanças na agricultura africana. Nem todos os subsectores da agricultura africana receberão a mesma atenção. Algumas áreas podem parecer ter sido deixadas de fora, como a mecanização, as questões energéticas e a engenharia social que utiliza a agricultura para fazer avançar a transformação de África. O objetivo deste capítulo é explorar o conceito de transformação da agricultura africana, tendo em conta o interesse renovado, dentro e fora de África, pela alimentação e pela agricultura. Daremos importância aos debates académicos e aos diálogos políticos centrados em vários sistemas e práticas agrícolas/produtivas africanos, em particular a sua sustentabilidade e o seu efeito no ambiente. O capítulo conclui depois, dentro do razoável.

4.2. Transformação em África

A transformação está integrada em muitos dos programas de desenvolvimento em África (UA, 2015; Annan & Dryden, 2015; Argwings - Kodhek, Minde, & Jayne, 2002; Atta-Mensah, 2015; FARA, 2014b; GoZ, 2013; InterAcademy Council, 2004). A transformação de África é coerente com os processos actuais destinados a melhorar a vida dos pobres e, em especial, dos pequenos agricultores. Ser um pensador e um executor estratégico é uma posição positiva numa economia global. As políticas e os processos, incluindo os quadros bem conhecidos da Agenda 2030 para o Desenvolvimento Sustentável e da Agenda 2063, tomam agora em consideração a complexidade das mudanças transformadoras necessárias para resultar num desenvolvimento compatível com o clima, em pessoas prósperas e num ambiente sustentável.

A transformação em África engloba o crescimento sustentável e inclusivo, o desenvolvimento, a inovação e o empreendedorismo. Durante muito tempo, o continente africano foi associado ao negativismo e ao atraso, quando académicos e profissionais estrangeiros tentaram descrever a sua condição. No entanto, numa análise mais aprofundada, África é constituída por 54 países, cada um dos quais com a sua própria língua, cultura, crenças e etnia. O relatório Invest in Africa 2015 (UA, 2015) argumenta a favor das enormes oportunidades que existem nos seus países membros. As acções de desenvolvimento na maioria dos países africanos estão agora estreitamente ligadas e em conformidade com os quadros continentais da União Africana numa série de sectores. Estes desenvolvimentos sugerem a existência de informações fiáveis que podem ser utilizadas pelos investidores e, por conseguinte, favorecer a África. Estudos recentes elogiam os progressos notáveis nos domínios económico e social em África. Por exemplo, entre 2000 e 2010, seis das economias de crescimento mais rápido do mundo situavam-se em África. Por sua vez, o crescimento da procura de produtos agrícolas verificar-se-ia nos mercados destas economias emergentes.

A Nova Parceria Económica para o Desenvolvimento de África (NEPAD) (2013) refere que, nos últimos 30 anos, a população africana duplicou em termos globais e triplicou nas zonas urbanas, o que faz com que haja agora mais bocas para alimentar. Apesar deste enorme crescimento, a NEPAD observa que a produção de cereais não conseguiu acompanhar o crescimento da população, uma vez que apenas aumentou por um fator de 1,8. Este desfasamento é ainda maior no caso dos produtos transformados e da carne, que são cada vez mais solicitados por uma população urbana cada vez maior. De autossuficiente na década de 1960, a África tornou-se um importador líquido de cereais. Esta nova tendência ameaça travar a transformação da agricultura africana. No mesmo relatório, a NEPAD constata que África importa produtos que competem com os seus: carne, produtos lácteos, cereais e óleos. No total, as importações representam 1,7 vezes o valor das exportações. A África é, no entanto, um continente cheio de esperança e de sonhos, apesar dos desafios que enfrenta.

De acordo com Xu e Carey (2013), a história da ideia de transformação (que remonta a 1792 nos Estados Unidos) tem sido defendida nas indústrias, na arena política e em toda a Europa, Ásia e África. Xu e Carey sugerem que, de acordo com a narrativa da transformação, um país com uma economia em grande parte tradicional e com uma produtividade relativamente baixa pode criar uma economia em grande parte moderna e com uma produtividade relativamente elevada, no espaço de uma geração, ou seja, muito mais rapidamente do que alguma vez aconteceu na história. As narrativas de transformação têm diferentes formas e tamanhos". A agenda pós-2015 é um exemplo disso, no âmbito da narrativa da transformação. A ONU

(2013) afirma que a agenda pós-2015 está associada às cinco grandes mudanças: não deixar ninguém para trás; colocar o desenvolvimento sustentável no centro; transformar as economias para o emprego e o crescimento inclusivo; construir a paz e instituições eficazes, abertas e responsáveis para todos; e forjar uma nova parceria global.

4.3. Razões para promover a transformação agrícola em África

A lógica de promoção da transformação da agricultura africana é, em grande medida, apoiada por muitos países africanos. A União Africana (UA) declarou 2014 como o "Ano da Agricultura e da Segurança Alimentar", com o objetivo de encorajar os seus Estados membros a aumentar os investimentos na agricultura. Segundo Argwings - Kodhek, Minde, & Jayne (2002), a transformação da agricultura é fundamental para resolver o problema da pobreza em África e é um pré-requisito no processo mais vasto de transformação estrutural. Estudos recentes apontam para o facto de a agricultura africana se encontrar numa encruzilhada e de ser necessário dedicar mais atenção a este sector. Os sistemas alimentares altamente complexos representam um enorme desafio de investigação e política para os académicos e decisores políticos em África.

A UA (2014) afirma que a Estratégia de Ciência, Tecnologia e Inovação para África (STISA - 2024), uma estratégia a 10 anos, e parte da Agenda 2063 da UA, defende a ciência, a tecnologia e a inovação como ferramentas multifuncionais e facilitadores para alcançar os objectivos de desenvolvimento continental. A primeira prioridade da STISA - 2024 descreve a "erradicação da pobreza e a obtenção da segurança alimentar e nutricional" através da utilização de vários instrumentos, como o Programa Integrado para o Desenvolvimento da Agricultura em África (CAADP). O CAADP é complementado por outros compromissos políticos e económicos, capacidades de resposta, alavancagem de relações e resposta a desafios emergentes.

De acordo com a FARA (2014a), a Agenda Científica para a Agricultura em África (S3A) é um compromisso coletivo para sustentar o crescimento agrícola através do investimento em ciência e da sua aplicação na agricultura africana. A FARA sugere que, através da S3A, a ciência produz soluções e produtos tecnológicos que aumentarão a produtividade do trabalho, da terra, da água e de outros recursos naturais disponíveis para os produtores. Annan & Dryden (2015) elucidam sobre as mudanças incrementais que se tornam visíveis quando a tecnologia digital é colocada nas mãos dos pequenos agricultores. Conseguimos ligar os pequenos agricultores, como demonstrado no Digital Green e na Agência de Transformação Agrícola da Etiópia. Annan e Dryden defendem um novo sistema alimentar africano construído em torno da ideia de que a agricultura é mais do que produzir calorias; trata-se de mudar a sociedade. Para que este novo sistema funcione, Annan e Dryden definem cinco princípios: valorizar o pequeno agricultor, dar poder às mulheres, concentrar-se na qualidade e na quantidade dos alimentos, criar uma economia rural próspera e proteger o ambiente.

Na primeira edição do seu livro, The New Harvest: Agricultural Innovation in Africa, o académico africano e de Harvard Juma (2011) reacende o otimismo em relação à agricultura africana e defende a sua transformação num empreendimento empresarial baseado no conhecimento. O seu sentido de otimismo é bem-vindo. O Professor Juma sugere três grandes oportunidades para transformar a agricultura de África. Em primeiro lugar, os avanços na ciência, tecnologia e engenharia a nível mundial oferecem a África novas ferramentas necessárias para promover uma agricultura sustentável. Em segundo lugar, argumenta que os esforços para criar mercados regionais proporcionarão incentivos à produção e ao comércio agrícolas. Em terceiro lugar, observa que uma nova geração de líderes africanos está a ajudar o continente a concentrar-se na transformação económica a longo prazo. As sugestões do académico têm como premissa a modernização da economia do continente através da aplicação da ciência e da tecnologia na agricultura. O relatório Realizing the Promise and Potential of African Agriculture (2004) do Conselho Inter-Academias concorda com as observações e o otimismo do Professor Juma em relação à agricultura africana.

De acordo com Dobermann & Nelson (2013), a transformação da agricultura nos últimos 50 anos para o que hoje conhecemos como agricultura "moderna" tirou partido dos combustíveis fósseis baratos para aumentar a produtividade agrícola em muitas regiões do mundo. A Revolução Verde na Ásia e na América Latina, nas décadas de 1950 e 1960, foi uma forma inovadora de abordar os problemas da alimentação e da fome no mundo, embora mais tarde tenha sido contestado o facto de ter trazido mais prejuízos do que benefícios. Atualmente, temos a sua versão moderna, a "Revolução Duplamente Ecológica", e ainda há muito por ver quanto aos benefícios reais de tais estratégias para resolver os problemas da alimentação e da fome. Como argumentam Doberman e Nelson, o investimento na agricultura é também uma das estratégias mais eficazes para alcançar os objectivos críticos de desenvolvimento pós-2015 relacionados com a pobreza e a fome, a nutrição e a saúde, a educação, o crescimento económico e social, a paz e a segurança e a preservação do ambiente mundial.

Num documento especial sobre Desenvolvimento Agrícola e Pobreza em África, Maxwell (1998) argumentou que o desenvolvimento agrícola continuará a ser crucial para a realização dos objectivos de redução da pobreza. Isto é particularmente verdade, uma vez que a maioria dos países africanos, independentemente da sua heterogeneidade, depende do sector agrícola. A agricultura fornece alimentos, meios de subsistência, um mercado, matérias-primas, divisas e uma fonte de poupança. As observações de Maxwell reflectem uma vasta gama de estratégias que conduzem não só ao crescimento agrícola mas também à redução da pobreza. Haveria também escolhas a fazer no planeamento centralizado.

Como argumentado neste estudo, o apelo para alterar radicalmente os "sistemas agrícolas e alimentares globais" aparece dirigido ao "modo de produção capitalista" e à integração dos pequenos agricultores na economia global. Uma visão semelhante é partilhada por Forte (2015), na qual descreve as diferentes acções das economias capitalistas, em várias frentes, como "multiplicadores de forças", uma situação em que as economias capitalistas se apoiam nas forças sociais e culturais internas dessas nações para fazer avançar os seus interesses políticos e empresariais. Dalgleish (2015) observa que a Nova Aliança para a Segurança Alimentar e Nutricional, lançada em 2012, um quadro concebido para facilitar o trabalho em rede entre o sector privado, os governos africanos e a sociedade civil, com uma adesão de 10 países africanos e mais de 100 empresas, bem como os governos do G8, tem sido alvo de muitas críticas por ser um mecanismo para promover os interesses das empresas multinacionais, em vez dos pequenos agricultores que alega ajudar. Dalgleish continua a argumentar que a Nova Aliança para a Segurança Alimentar e Nutricional é -parte de um projeto neoliberal maior, no qual as terras e os recursos agrícolas em África se tornaram objeto de uma nova vaga de expansão capitalista" (p. 107). Malunga (2014) argumenta que o capitalismo moderno tem prosperado com a transferência de riqueza dos pobres na base para alguns ricos no topo. Feder (1976) opina que as grandes empresas e os apóstolos do agronegócio olham para a agricultura como um enorme agregado de empresas reais e potenciais em que os capitalistas têm a função mais importante a desempenhar e em que as pessoas - em particular os camponeses - não são entidades, são engrenagens anónimas nas rodas gigantes da empresa. Consequentemente, os africanos adoptam uma alimentação, um estilo de vida e um ambiente orientados para o Ocidente. No entanto, alguns africanos têm procurado vigorosamente, entre os seus, "meios para pôr fim" a essa dominação.

Alverson (1978) previu um novo modo de produção industrial que utilizava as agro-indústrias como modelo para os países africanos. Alverson avisou que os acordos económicos e outras condições em que o capital será fornecido pelos países ocidentais aos países do Terceiro Mundo levarão, de facto, os países africanos, através das suas elites urbanas, a encorajar as agro-indústrias, excluindo inovações muito mais eficientes e apropriadas na agricultura. Alverson previu um sistema de dependência que África tem, desde há muitos anos, lutado para ultrapassar. No entanto, há uma nova vaga de estudos críticos sobre alimentação e de movimentos alimentares em África (Figueroa; 2015; Tambi, Aromolan, Odularu, & Oyeleye, 2014). A investigação sugere que o crescimento económico e a transformação de África estão ligados aos produtos de base (UNIDO, 2011; Banco Mundial, 2013). A Fundação Tony Elumelu (2015) argumenta no seu relatório que um dos seus três princípios orientadores para os empresários africanos é o de uma "filosofia económica inclusiva do africapitalismo baseada na crença de que um sector privado vibrante liderado por africanos é a chave para desbloquear o potencial económico e social de África".

A agricultura é uma atividade empresarial e multidisciplinar por natureza, ativamente desenvolvida em todos os continentes. Pretty et al. (2010) adopta uma metodologia integradora para melhorar o diálogo e a compreensão entre a investigação agrícola e a política, identificando as 100 questões mais importantes para a agricultura mundial. Pretty et al. compilaram estas questões recorrendo a uma abordagem de prospeção de horizontes com os principais peritos e representantes das principais organizações agrícolas a nível mundial. Os académicos pretendiam utilizar provas científicas sólidas para informar a tomada de decisões e orientar os decisores políticos na futura direção das prioridades da investigação agrícola e do apoio às políticas. Pretty et al identificaram quatro secções com pormenores sobre as principais áreas de importância para a agricultura mundial. As quatro secções são: recursos naturais (por exemplo, clima, bacias hidrográficas, recursos hídricos e ecossistemas aquáticos; nutrição dos solos, erosão e utilização de fertilizantes); práticas agronómicas (por exemplo, sistemas e tecnologias de produção de culturas; pecuária; e melhoramento genético das culturas); desenvolvimento agrícola (capital social, género e extensão; e desenvolvimento e meios de subsistência); e mercados e consumo (cadeias de abastecimento alimentar; e preços, mercados e comércio). Clark et al. (2010) observaram que, tanto para a investigação como para as políticas, a necessidade crucial é ultrapassar as perspectivas convencionalmente isoladas sobre o clima, a agricultura e a segurança alimentar e, em vez disso, abordar as suas interações numa perspetiva de sistemas integrados, o que Pretty et al. designam por horizonscanning. Estas conclusões defendem a necessidade de colaboração na investigação, política e desenvolvimento agrícolas.

O continente africano não existe isoladamente. No relatório inovador, The Future of Food and Farming (Foresight, 2011), existe um consenso de que 2030 e 2050 são datas importantes que o mundo deve ter em conta face às pressões sobre o sistema alimentar global. A população mundial já atingiu os 7 mil milhões e prevê-se que atinja os 9 mil milhões em 2050. Este novo desafio global exige que todas as nações e continentes do mundo, incluindo a África, procurem a ação colectiva mais adequada para enfrentar as pressões sobre o sistema alimentar. A Teoria da Ação Colectiva deve garantir que ninguém vai para a cama com fome à noite.

4.4. Elementos-chave da transformação da agricultura africana

O conhecimento agrícola deve estar ligado à ação se se quiser concretizar a visão da transformação da agricultura africana. Isto exige racionalidade. Terão de ser feitas escolhas difíceis, como optar por ser otimista ou pessimista, a fim de sustentar o crescimento e o progresso agrícola. A transformação altera radicalmente a forma como os negócios são conduzidos, a participação dos actores nas transacções comerciais e a subsequente trajetória dos negócios e do desenvolvimento.

A criação de conhecimentos úteis é fundamental para a transformação agrícola de África. A FARA (2014a), no S3A, apresenta um excelente resumo dos cinco "I" da transformação agrícola africana: reforço das instituições, incluindo o investimento em investigação e desenvolvimento agrícola; disponibilidade e acessibilidade de insumos melhorados; expansão de infra-estruturas rurais de alta qualidade; incentivos aos produtores para que melhorem a sua aceitação da tecnologia, incluindo um sistema de mercado optimizado e o fornecimento adequado e atempado de informações para apoiar as decisões de produção e comercialização.

De acordo com a Comissão Económica das Nações Unidas para África (UNECA) (2013) e Atta-Mensah (2015), a transformação económica inclui mudanças na estrutura da economia e nos seus motores de crescimento e desenvolvimento. Implica necessariamente: uma reafectação de recursos de sectores e actividades menos produtivos para sectores e actividades mais produtivos; um aumento da contribuição relativa da indústria transformadora para o Produto Interno Bruto; uma diminuição da percentagem de emprego agrícola no emprego total; uma mudança da atividade económica das zonas rurais para as zonas urbanas; o surgimento de uma economia industrial e de serviços moderna; uma transição demográfica de taxas elevadas de nascimentos e mortes (comuns em zonas subdesenvolvidas e rurais) para taxas baixas de nascimentos e mortes (associadas a melhores padrões de saúde em zonas desenvolvidas e urbanas); e um aumento da urbanização. A UNECA define a transformação económica como uma transformação que é cuidadosamente planeada, controlada e implementada tendo em consideração a natureza da força de trabalho do país. A transformação económica, como observa a UNECA, não é um resultado inadvertido de "choques" na forma como as pessoas e as comunidades são governadas nas zonas rurais e urbanas. A UNECA acrescenta que uma agenda de transformação eficaz deve também incluir: a transformação das zonas rurais em centros dinâmicos de atividade agroindustrial e industrial; a tradução do aumento da juventude africana num dividendo demográfico; o acesso a serviços sociais que satisfaçam normas mínimas de qualidade, independentemente da localização; a redução das desigualdades - espaciais e de género; e a progressão para uma trajetória de crescimento verde e inclusivo.

Atta-Mensah (2015), ao descrever um quadro para a transformação económica em África, refere que o primeiro elemento de uma agenda de transformação deve ser a reforma e o desenvolvimento da agricultura. Atta-Mensah reconhece que a maioria dos africanos vive em zonas rurais e é constituída por pequenos agricultores, pelo que uma reforma do sector agrícola constituirá a base para um processo de crescimento orientado para a exportação. A seguir, devem ser efectuadas reformas dos sistemas de propriedade fundiária que incentivem as famílias rurais a aumentar a produção e, consequentemente, o abastecimento alimentar e os rendimentos. Atta-Mensah continua, afirmando que, com o apoio de investimentos públicos em infra-estruturas rurais, melhores sementes, sistemas de irrigação e tecnologias, os excedentes gerados pelas pequenas explorações agrícolas nas zonas rurais de África podem tornar-se a base do desenvolvimento económico. Isto é conseguido através da transferência de capital e mão de obra para as cidades a partir de um sector agrícola cada vez mais diversificado e produtivo. Ele adverte que, na modernização da agricultura, o importante papel da agricultura para a transformação não deve ser relegado para segundo plano. Se o fizermos, teremos sérias implicações negativas para o crescimento e a redução da pobreza e da desigualdade.

4.5. Transformação e tecnologia na agricultura africana

O nexo entre as inovações agrícolas e a transformação da agricultura africana no contexto das alterações e da variabilidade climáticas não está isento de negacionistas e cépticos. A agricultura é um dos principais motores das alterações ambientais, pelo que é necessário procurar uma via sustentável. Os termos e conceitos incompatíveis, como a agroecologia e a agricultura inteligente face ao clima, terão de ser alargados com base em provas empíricas, possíveis benefícios e, em última análise, perspectivados no desenvolvimento agrícola africano.

Os fundamentos filosóficos e os significados têm variado ao longo dos tempos históricos. Isto mostra que os objectivos de desenvolvimento e de transformação estão indissociavelmente ligados. Este é também um paralelo com as ligações entre a agricultura sustentável e a segurança alimentar e as alterações climáticas. Foram desenvolvidos vários "quadros" para concetualizar estas ligações. Alguns destes quadros permitiram discussões e debates construtivos, enquanto outros criaram campos opostos sobre os melhores meios para atingir os objectivos desejados. Na maioria dos casos, estas discussões permitem o envolvimento e a clarificação das escolhas dos métodos de produção, da autonomia na produção de alimentos, dos sistemas agrícolas e dos modelos agrícolas que são rentáveis e amigos do ambiente.

4.5.1. Agro-ecologia

A Avaliação Internacional do Conhecimento, Ciência e Tecnologia Agrícolas para o Desenvolvimento (IAASTD) (2009) define a agroecologia como a ciência da aplicação de conceitos e princípios ecológicos à conceção e gestão de ecossistemas agrícolas sustentáveis. Inclui o estudo dos processos ecológicos nos sistemas agrícolas e processos como: ciclo de nutrientes, ciclo/sequestro de carbono, ciclo da água, cadeias alimentares dentro e entre grupos tróficos (micróbios a predadores de topo), ciclos de vida, polinização, interações herbívoro/predador/presa/hospedeiro, etc. Altieri (1983), um dos pioneiros da agroecologia, definiu originalmente a agroecologia como a aplicação de princípios ecológicos à agricultura. A definição de agroecologia passou de um foco estreito para um foco mais amplo nas últimas duas décadas, desde as definições originais. Atualmente, a agroecologia abrange todos os sistemas alimentares que ligam a produção à cadeia alimentar e aos consumidores.[17]

Wezel et al (2009) sugere dois grandes períodos históricos da agroecologia: a "velhice" da agroecologia: 1930 - 1960, e a expansão da agroecologia: 1970 - 2000. Wezel et al, argumenta

17 Inovação Agro-Ecológica: do intercâmbio de boas práticas aos quadros políticos: O que é a agroecologia?‖ Grupo IFOAM EU, TP Organics e ARC 2020.

que é dentro desses períodos de desenvolvimento que a agroecologia emergiu como uma das seguintes: disciplina científica, prática e movimento. Essas dimensões moldaram o discurso da agroecologia nos diferentes contextos mundiais, regiões e tempos históricos. Wezel et al, cita alguns estudos de caso de países como os EUA (dimensões da agroecologia: disciplina científica, movimento e prática), Brasil (dimensão da agroecologia: movimento), Alemanha (dimensão da agroecologia: disciplina científica) e França (dimensão da agroecologia: semelhanças estreitas com a disciplina científica).

4.5.2. Agricultura inteligente face ao clima

A Agricultura Inteligente face ao Clima (AIS) é apontada como um ator importante na transformação agrícola de África e, em particular, na resposta às alterações climáticas. A Organização das Nações Unidas para a Alimentação e a Agricultura (FAO) (2010) afirma que a agricultura nos países em desenvolvimento deve sofrer uma transformação significativa para enfrentar os desafios relacionados com a segurança alimentar e as alterações climáticas. O termo CSA refere-se a um conjunto de diversas abordagens, práticas e tecnologias que aumentam a produtividade, apoiam a adaptação dos agricultores às alterações climáticas e reduzem os níveis de emissões de gases com efeito de estufa. Na opinião da FAO, já existem práticas climaticamente inteligentes eficazes que podem ser aplicadas nos sistemas agrícolas dos países em desenvolvimento. A FAO afirma que é necessário um investimento considerável para colmatar as lacunas de dados e conhecimentos na investigação e desenvolvimento de tecnologias e metodologias, bem como na conservação e produção de variedades e raças adequadas.

Steenwerth et al. (2014) argumenta que a ACI se concentra em satisfazer as necessidades das pessoas em termos de alimentos, combustíveis, madeira e fibras através de acções baseadas na ciência, contribuindo para o desenvolvimento económico, a redução da pobreza e a segurança alimentar; manter e aumentar a produtividade e a resiliência das funções dos ecossistemas naturais e agrícolas, criando assim capital natural; e reduzir os compromissos envolvidos na consecução desses objectivos. O Centro Técnico de Cooperação Agrícola e Rural ACP-UE (CTA) (2014) afirma que as abordagens inteligentes do ponto de vista climático podem incluir diversas componentes, desde técnicas a nível das explorações agrícolas até mecanismos internacionais de política e financiamento. A Visão 25 x 25 da ACI em África aborda a relação entre a agricultura e as alterações climáticas e propõe que, até

2025, pelo menos 25 milhões de famílias de agricultores pratiquem mais a ACI.[18] A Visão 25 x 25 da CSA em África faz parte dos objectivos e processos de implementação do CAADP. Centra-se em programas nacionais e numa plataforma pan-africana de ACI.

A Rede de Análise das Políticas de Alimentação, Agricultura e Recursos Naturais (FANRPAN) lidera um programa inovador de ACI que envolve os governos africanos na agricultura e na segurança alimentar. Num dos estudos encomendados pela FANRPAN (Bastos Lima, 2014), em que foi realizada uma avaliação dos desafios e oportunidades em 15 países africanos, foi revelado que, apesar da perceção dos efeitos das alterações climáticas por parte dos peritos formais e das populações rurais, a promoção e a adoção de práticas de ACI na África Oriental e Austral eram limitadas. Os 15 países envolvidos na avaliação da FANRPAN foram o Botswana, a República Democrática do Congo, o Quénia, o Lesoto, Madagáscar, o Malawi, as Maurícias, Moçambique, a Namíbia, a África do Sul, a Suazilândia, o Uganda, a Tanzânia, a Zâmbia e o Zimbabué. Bastos Lima estabeleceu que os 15 países estabelecidos no estudo tinham exemplos de práticas agrícolas tradicionais e baseadas na investigação que podem ser consideradas inteligentes do ponto de vista climático, mas que não são integradas e recebem ainda um apoio limitado. As práticas agrícolas tradicionais e baseadas na investigação referidas por Bastos Lima eram técnicas agroecológicas (por exemplo, cobertura morta, intercalação, agroflorestação, agricultura mista) e biotecnologia agrícola, como variedades de culturas de alto rendimento e/ou tolerantes à seca e raças de gado. Assim, a FANRPAN reconheceu e alertou muitas pessoas para o papel central da agricultura e da segurança alimentar na vida dos africanos (FANRPAN, 2015).

De acordo com a CTA (2014), podemos identificar nove estratégias para o sucesso da AEC:

- Alinhar as práticas agrícolas inteligentes do ponto de vista climático com a política nacional;
- Reforçar a capacidade de adaptação das mulheres;
- Criar parcerias eficazes com o sector privado e as universidades;
- Envolver as comunidades e incentivar os agricultores a inovar;
- Abordar simultaneamente vários desafios e escalas;

18 Visão 25 x 25 da CSA em África. Abordagem estratégica de África para a segurança alimentar e nutricional face às alterações climáticas. Comissão da União Africana e Nova Parceria Económica para o Desenvolvimento de África.

- A insegurança alimentar, a pobreza persistente, as alterações e a variabilidade climáticas e a degradação ambiental estão estreitamente interligadas;
- Fomentar a boa vontade política;
- O desenvolvimento de capacidades é necessário a todos os níveis; e
- O apoio orçamental nacional é importante.

Sendo uma tecnologia emergente, a ACI enfrenta uma série de desafios centrados na sua compreensão concetual, prática, ambiente político e mecanismos de financiamento. Por exemplo, James e colegas (2015) descrevem várias barreiras que impedem os pequenos agricultores em África de adotar práticas e tecnologias de ACI em África. James e colegas observam que as políticas e acções existentes para remover estas barreiras continuam a ser inadequadas. Como sugerem os académicos, estas barreiras enquadram-se em duas grandes categorias: meios físicos ou recursos necessários para praticar a ACI e barreiras não físicas ou de software. Os meios ou recursos físicos necessários para praticar a ACI podem ser considerados como barreiras de hardware e incluem factores de produção físicos, como terra, recursos humanos, equipamento, infra-estruturas e finanças. A segunda, designada por barreiras não físicas ou de software, está relacionada com os ambientes institucional, cultural, político e regulamentar; informação, conhecimentos e competências; tecnologias e inovações; e governação, entre outros. Para que os agricultores adoptem uma determinada prática de ACI e para que os indivíduos dos sectores público e privado invistam numa determinada prática de ACI, é necessário que as barreiras não existam. James e seus colegas sugerem que é fundamental identificar e analisar criticamente os factores que limitam a adoção da ACI, caso os decisores políticos pretendam gerar acções concretas para aumentar/expandir a adoção de práticas de ACI em África.

4.5.3. Biotecnologia

Existe uma base de dados cada vez mais sólida sobre as promessas e o potencial da biotecnologia no domínio da segurança alimentar a nível mundial. O InterAcademy Council (2004) observa que a biotecnologia é uma inovação que aumenta a produtividade. Na opinião de Juma (2012), a biotecnologia - tecnologia aplicada a sistemas biológicos - tem a promessa de conduzir a uma maior segurança alimentar e a práticas florestais sustentáveis, bem como de melhorar a saúde nos países em desenvolvimento através da melhoria da nutrição alimentar. Juma argumenta que a biotecnologia pode ajudar os países em desenvolvimento a atingir o seu próprio nível de crescimento da investigação. Essencialmente, os países africanos não precisam de fazer grandes investimentos, típicos dos feitos pelos países desenvolvidos. Os países africanos devem dar o salto e utilizar o poder da ciência, da tecnologia e da inovação. No entanto, África não tem simplesmente um passe livre. Tal como Juma aconselha, África teria de tomar as correspondentes medidas infra-estruturais e institucionais para apoiar a biotecnologia como solução tecnológica para os desafios da segurança alimentar. Assim, a biotecnologia continua por utilizar plenamente ao serviço da agricultura africana.

4.5.4. Agricultura de conservação

Marongwe et al. (2011) argumentam que as experiências em Agricultura de Conservação (AC) em países como o Zimbabué são a prova de que a AC pode aumentar a produtividade agrícola entre os pequenos agricultores. Esta é uma tecnologia transformadora promissora para os pequenos agricultores da África Subsariana, cujos rendimentos são baixos e que enfrentam desafios no caminho para a sustentabilidade. A AC assenta em três princípios: perturbação mínima do solo, retenção de resíduos de culturas e rotações de culturas, bem como diversificação de culturas.

O Painel Consultivo Internacional para a Agricultura de Conservação (ICAAP - África), recentemente criado, na sequência da Declaração de Lusaka do 1º Congresso Africano sobre Agricultura de Conservação, realizado em Lusaka em março de 2014, é um grupo de especialistas mundiais em agricultura de conservação que actua como um grupo de reflexão para aconselhar a Rede Africana de Lavoura de Conservação sobre questões políticas, científicas, económicas e técnicas que possam ter influência nas prioridades e estratégias da Rede. A Declaração de Lusaka refere-se à AC como uma "tecnologia climaticamente inteligente", apelando ao seu aumento, adoção e promoção a todos os níveis e através de todos os meios possíveis em toda a África.

O ICAAP - África observa que a AC, enquanto conceito e prática para a intensificação da produção que poupa recursos naturais, procura obter lucros aceitáveis com níveis de produção elevados e sustentados, conservando simultaneamente o ambiente. A intensificação sustentável da agricultura pode ser alcançada através da AC. O ICAAP - África continua que, na prática, as AC oferecem aos agricultores uma série de práticas através de três princípios interligados que podem ser aplicados numa variedade de combinações para alcançar a intensificação sustentável da produção, incluindo os agricultores pobres em recursos. A abordagem das AC está em harmonia com a terra, a água e o ambiente.

4.5.5. Intensificação sustentável da agricultura

Existem opiniões divergentes sobre a melhor utilização das terras disponíveis para a agricultura e outros fins. Tal como se encontra em estudos académicos, a intensificação sustentável da agricultura refere-se ao aumento da produção a partir da mesma área de terra, reduzindo os impactos ambientais negativos e aumentando as contribuições para o capital natural e o fluxo de serviços ambientais (FAO, 2011). Produzir mais culturas com menos terra é uma das opções para atingir os objectivos de mitigação e de produção alimentar na agricultura. Pretty, Toulmin & Williams (2011) observam que um sistema de produção sustentável apresentaria a maioria ou a totalidade dos seguintes atributos:

- Utilização de variedades de culturas e de raças de gado com um elevado rácio de produtividade em relação à utilização de factores de produção externos e internos;
- Evitar a utilização desnecessária de entradas externas;
- Aproveitamento de processos agro-ecológicos como o ciclo de nutrientes, a fixação biológica de azoto, a alelopatia, a predação e o parasitismo;
- Minimizar a utilização de tecnologias ou práticas que tenham impactos adversos no ambiente e na saúde humana;
- Utilização produtiva do capital humano sob a forma de conhecimentos e capacidade de adaptação e inovação e do capital social para resolver problemas comuns à escala da paisagem;
- Quantificação e minimização dos impactos da gestão do sistema em externalidades como as emissões de gases com efeito de estufa, a disponibilidade de água potável, o sequestro de carbono, a biodiversidade e a dispersão de pragas, agentes patogénicos e ervas daninhas.

Existem provas da intensificação sustentável da agricultura em África. Widgren (2016) argumenta que, para a África subsariana, o período de 1500 a 1800 implicou uma intensificação da agricultura em muitas partes diferentes do continente. Como Widgren relata, houve o surgimento e a disseminação de terraços, irrigação, aumento dos investimentos em solos antropogénicos e a adoção de novas culturas. Possivelmente, entre os factores subjacentes a esta intensificação encontram-se o estabelecimento de feitorias portuguesas ao longo da costa, o comércio atlântico de escravos, a introdução de culturas americanas e o comércio de caravanas na África Oriental e Austral.

4.5.6. Gestão sustentável do solo, da água e das terras

As ligações entre a agricultura, a alimentação, a água e a terra requerem um exame mais atento para que a segurança alimentar global se concretize. Foley e colegas (2011) sugerem que devemos abordar a degradação dos solos e prestar especial atenção à expansão das terras de cultivo e das pastagens. Foley e colegas observam que "a transformação da agricultura deve proporcionar ao mundo alimentos e nutrição suficientes". Além disso, Foley e colegas sugerem que a transformação dos sistemas agrícolas é fundamental e deve também incluir o seguinte: reduzir as emissões de gases com efeito de estufa, reduzir a perda de biodiversidade e de habitats, reduzir as captações de água insustentáveis, especialmente nos casos em que a água tem exigências concorrentes, e eliminar gradualmente a poluição da água causada por produtos químicos agrícolas.

4.5.7. Adaptação baseada nos ecossistemas para a segurança alimentar

Os sistemas agrícolas africanos são heterogéneos e não existe um caminho único que tenha precedência sobre os outros. Todos os sistemas agrícolas são importantes e têm diferentes graus de ênfase nas suas áreas de força. O Conselho Interacadémico (2004) argumenta que não existe uma "bala de prata" para os problemas agrícolas de África. Munang, Andrews, Alverson, & Mebrata (2013) opina que a adaptação baseada nos ecossistemas (EBA) é a utilização da biodiversidade e dos serviços dos ecossistemas como parte de uma estratégia global de adaptação para ajudar as pessoas e as comunidades a adaptarem-se aos efeitos negativos das alterações climáticas a nível local, nacional, regional e global.

A AbE é uma nova norma na segurança alimentar de África, como se vê através da formação da Assembleia de Segurança Alimentar Baseada em Ecossistemas em África (EBAFOSA), em grande parte sob a administração do Programa das Nações Unidas para o Ambiente (Munang, Andrews, Alverson, & Mebrata, 2013; Munang, 2015). Munang et al opina que a AbE responde a este conjunto complexo de desafios, integrando a procura de benefícios sociais sustentáveis para a comunidade local em práticas bem sucedidas de adaptação às alterações climáticas. A AbE é uma forma abrangente de lidar com a adaptação às alterações climáticas, em que a integração entre questões é o elemento-chave. Na opinião de Munang e colegas, a AbE adopta uma abordagem holística e interdisciplinar que reconhece a interconectividade entre as estruturas ecológicas, socioculturais, económicas e institucionais.

4.5.8. Culturas e pecuária, pesca e aquicultura

A maioria das pessoas pobres do mundo depende direta ou indiretamente das culturas e da pecuária para a sua subsistência. A pecuária contribui para o abastecimento alimentar mundial, a nutrição familiar, os rendimentos, o emprego, a fertilidade dos solos, os meios de subsistência, os transportes e a produção agrícola sustentável. O CTA (2010), no seu livro abrangente, The Role of Livestock in Developing Communities (O Papel do Gado nas Comunidades em Desenvolvimento), relata a multifuncionalidade do gado nos países em desenvolvimento e o facto de a agricultura animal ser a utilização mais generalizada da superfície terrestre do mundo. O CTA afirma que é nos sistemas de agricultura de pequena escala que a importância do gado é pronunciada e onde se fazem sentir os impactos, por exemplo, da má gestão do gado e das ameaças e doenças zoonóticas emergentes. A produção vegetal e animal, bem como a pesca e a aquicultura, são uma escolha estratégica para a erradicação da pobreza e a manutenção da produtividade agrícola em sistemas de produção mistos e diversificados.

4.5.9. Modernização da agricultura e dos sistemas alimentares em África

O conceito de modernização de África e de toda a sua história implica permitir que o povo africano e a sua condição se desenvolvam ao seu próprio ritmo, sem necessariamente imitar o estilo de desenvolvimento ocidental. A modernização da agricultura e dos sistemas alimentares africanos é uma tarefa primordial e, em grande medida, tem sido enquadrada no desenvolvimento do capital humano em África (Eicher & Haggblade, 2013; Juma, 2011; The Inter Academy Council, 2004). Um dos principais objectivos da modernização da agricultura e dos sistemas alimentares africanos é formar a próxima geração de produtores de alimentos, cientistas e líderes globais, com especial incidência nas competências técnicas, na aquisição de conhecimentos, nas aptidões profissionais e na produção agrícola. Na opinião de Juma (2016), este desafio pode ser enfrentado através de "Universidades de Inovação". As Universidades de Inovação são locais de aprendizagem que capitalizam as disposições institucionais, os conhecimentos, as competências e a comercialização de bens e serviços em África.

O Conselho Interacadémico (2004) sugere ideias de ação específicas que os governos africanos, com o apoio dos parceiros de desenvolvimento, podem adotar em estratégias que retenham as melhores mentes no continente, bem como investimentos em ciência e tecnologia a todos os níveis de ensino. A próxima geração de cientistas africanos, de produtores de alimentos e de líderes continentais deve possuir uma vasta gama de conhecimentos e de competências para poder resolver os problemas da agricultura africana. A tarefa de desenvolver África não deve ser deixada apenas a pessoas de fora. O Conselho Interacadémico considera que o sector privado tem de contribuir para a investigação agrícola e para o apoio ao ensino superior. Os cientistas agrícolas precisam de estar em harmonia com as iniciativas políticas e de política ao mais alto nível, de modo a poderem articular e dar prioridade à sua relevância e contribuição, assegurando ao mesmo tempo padrões éticos através de associações profissionais e de tutoria.

4.5.10. Sistemas aéreos não tripulados na agricultura

As novas tecnologias podem fornecer soluções práticas, desde que as avaliações sejam efectuadas de acordo com as leis e regulamentos existentes. Um excelente exemplo de um projeto de 50

Uma tecnologia promissora no panorama agrícola africano é a dos Sistemas Aéreos Não Tripulados (UAS), que também abrange os Veículos Aéreos Não Tripulados (UAV), vulgarmente conhecidos como drones. De acordo com o Gabinete do Secretário da Defesa (2005), um UAV é um veículo aéreo motorizado que não transporta um operador humano, utiliza forças aerodinâmicas para fornecer elevação ao veículo, pode voar autonomamente ou ser pilotado remotamente, pode ser dispensável ou recuperável e pode transportar uma carga útil letal ou não letal. Os UAS são cada vez mais utilizados na agricultura inteligente ou na agricultura baseada em drones.

Num estudo pioneiro sobre a tecnologia dos UAS e a forma como esta pode melhorar a produção agrícola em África; os factores determinantes e os obstáculos à adoção dos UAS na agricultura, os países africanos com maior probabilidade de adotar a tecnologia e as sugestões que os decisores políticos podem fazer para ultrapassar os obstáculos e promover a utilização agrícola dos UAS, Efron (2015) estabelece que os UAS representam a nova geração de tecnologias que podem ajudar a aumentar os rendimentos agrícolas de forma mais eficiente e ambientalmente sustentável. Efron realizou um inquérito no terreno no leste do Quénia. Efron descobriu que dois problemas proeminentes de insectos/pragas agrícolas que poderiam ser potencialmente mitigados através da utilização da tecnologia UAS são a mosca tsé-tsé e a ave Quelea de bico vermelho. Em ambos os casos, o UAS oferece uma alternativa às aeronaves tripuladas usadas em programas de Técnica de Insectos Estéreis, em que massas de machos esterilizados são sistematicamente libertadas em áreas infestadas, onde acasalam com fêmeas selvagens que depois não reproduzem descendentes, levando à eventual eliminação das populações de tsé-tsé. A tecnologia UAS pode ser transformada em dissuasor e permite o levantamento de poleiros e colónias de reprodução. Efron, noutra descoberta importante, concebe um quadro que os decisores podem utilizar para avaliar a viabilidade da adoção de UAS agrícolas em África. O quadro avalia a probabilidade em cinco dimensões distintas: capacidade de inovação, literacia técnica, acessibilidade, capacidade institucional e aceitação cultural. A África do Sul, as Maurícias, as Seychelles, o Botswana, a Namíbia e Carbo Verde são os países mais maduros para adotar com sucesso os UAS agrícolas. Efron, estabelece que o Togo, a Guiné, o Níger, Moçambique, o Mali e o Malawi são os seis países com menor probabilidade de adotar os UAS agrícolas.

4.6. Conclusão

Este capítulo explorou o conceito de transformação de África, utilizando a agricultura como veículo para a concretizar. A transformação de África deve assentar em sistemas agrícolas e alimentares fortes, a maior parte dos quais foram referidos noutros locais como compatíveis com as condições de cultivo e adoptados pelos pequenos agricultores. O capítulo também estabeleceu que as novas tecnologias na produção alimentar continuam a ter uma receção mista em muitos países africanos, embora, após uma observação mais atenta, a avaliação país a país prove o contrário: alguns países estão ansiosos por adotar as novas tecnologias, enquanto outros precisam de tempo e, talvez, não tenham o impulso necessário para avaliar as novas tecnologias com base em indicadores normalizados para garantir a segurança e a não violação dos seus próprios sistemas e métodos de produção alimentar. Qualquer iniciativa de transformação no continente, por muito razoável que pareça, é ainda um conceito estranho, uma vez que os 54 países africanos têm diferentes prioridades de desenvolvimento, competências técnicas e áreas de concentração, em todos os sectores da economia. O próximo capítulo define A Lógica da Ação Colectiva na agricultura africana.

5. DEFINIR A LÓGICA DA ACÇÃO COLECTIVA NA AGRICULTURA AFRICANA

5.1. Introdução

A lógica da ação colectiva pode oferecer novas perspectivas para a agricultura africana. Pode ajudar a proteger e a promover os interesses das partes interessadas activas na transformação de África. Os países desenvolvidos fizeram progressos significativos nas parcerias comerciais e económicas com alguns dos países africanos. Estes progressos foram, em parte, exigidos por uma nova geração de líderes e defensores das políticas africanas. Além disso, as parcerias comerciais e económicas, geralmente assinadas numa base mútua entre duas partes, constituem a base do comércio e dos compromissos de mercado dos produtos agrícolas entre África e o resto do mundo.

O objetivo deste capítulo é discutir a adequação da Lógica da Ação Colectiva à agricultura africana. O capítulo descreve algumas iniciativas abrangentes e notáveis na agricultura africana, como a Agenda Científica para a Agricultura em África (S3A) e o Programa Integrado para o Desenvolvimento da Agricultura em África (CAADP). Estas iniciativas deram a África uma vantagem no domínio do desenvolvimento internacional. A centralidade do Desenvolvimento Internacional está na base de toda a discussão deste capítulo.

5.2. A lógica da ação colectiva

A Lógica da Ação Colectiva de Mancur Olson (1965) é a base de muitos conceitos e da compreensão atual da Ação Colectiva. A Lógica da Ação Colectiva tem sido testada em movimentos e organizações sociais. Vanni (2014) opina que tem aplicações na economia, nos mercados, na agricultura e nos recursos naturais. De acordo com a Lógica da Ação Colectiva, espera-se que um grupo de pessoas com um interesse comum se junte naturalmente e lute por um objetivo comum. No entanto, como afirma Olson, geralmente não é esse o caso. Em vez de tirar partido da ação racional, que decorre logicamente da premissa de um comportamento racional e interessado, um grupo de pessoas não chegará a um acordo de colusão. Olson prossegue apresentando as razões para o fracasso do grupo em trabalhar para um resultado, algumas das quais incluem: dimensão do grupo, percetibilidade das acções de outros indivíduos, possibilidade de sanção selectiva e custos de organização. Este estudo defende que o pensamento e a ação racionais são problemáticos e que "há mais do que parece".

De acordo com Sandler (1992), a ação colectiva surge quando os esforços de dois ou mais indivíduos são necessários para alcançar um resultado. Trata-se de um processo dinâmico orientado para o trabalho conjunto com vista a um objetivo comum e que está associado à autogovernação e ao capital social. Marshall (1998) define a ação colectiva como a ação empreendida por um grupo (quer diretamente, quer em seu nome através de uma organização) na prossecução de interesses comuns percebidos pelos seus membros. Toda a ação colectiva visa produzir bens públicos para uma categoria específica de indivíduos ou grupos. Este estudo considera que a definição de Marshall se assemelha à de Olson (1965) e Ostrom (2004).

Oliver (2004) resume sucintamente a lógica da ação colectiva da seguinte forma

- Os interesses são importantes: o que as pessoas vão ganhar ou perder com as várias propostas, ou o que pensam que vão ganhar ou perder;
- Uma chamada de atenção para o facto de as pessoas não agirem automaticamente em função dos seus interesses comuns;
- Muitas vezes, as pessoas participam em movimentos sociais com o desejo de atingir objectivos, de alcançar interesses.

5.3. A lógica do problema da ação colectiva

5.3.1. O problema do parasitismo

Sandler (2004) argumenta que os problemas de ação colectiva estão presentes na vida quotidiana e que surgem sempre que são necessários os esforços de dois ou mais indivíduos para alcançar um resultado. De acordo com Ostrom (2000), citando Olson (1965, p. 2), nenhuma pessoa interessada contribuiria para a produção de um bem público: "[A] menos que o número de indivíduos num grupo seja muito pequeno, ou a menos que exista uma coerção ou qualquer outro dispositivo especial para fazer com que os indivíduos actuem no seu interesse comum, os indivíduos racionais e interessados não actuarão para alcançar o seu interesse comum ou de grupo." Na opinião de Ostrom (2000), este argumento passou a ser conhecido como a "tese da contribuição zero". Os parasitas prejudicam a produção desejada de bens públicos, levando à subprodução ou à ausência de produção. A coerência entre as instituições envolvidas na geração, transferência e utilização do conhecimento agrícola, da ciência e das capacidades de previsão é fundamental, caso contrário, pode haver caos.

5.4. A lógica da ação colectiva na agricultura africana

5.4.1. Agenda científica para a agricultura em África

A visão da Agenda Científica para a Agricultura em África (FARA, 2014b) é que, "até 2030, África garanta a sua segurança alimentar e nutricional; torne-se um ator científico global reconhecido na agricultura e nos sistemas alimentares e o celeiro do mundo". Muitas partes interessadas na agricultura africana abraçaram calorosamente esta visão, um processo que se estende por muitos anos de desenvolvimento agrícola em África e, como resultado, implementaram uma vasta gama de programas que apoiam a visão.

De acordo com o Fórum para a Investigação Agrícola em África (FARA) (2014b), os seis eixos estratégicos do S3A são:

- Uma visão colectiva duradoura para a ciência na agricultura em África;
- Aplicar o CAADP como uma prioridade a curto prazo;
- Temas de investigação que ligam as instituições e as políticas aos produtores, consumidores e empresários;
- Reforçar a solidariedade e as parcerias a nível nacional, regional e internacional;
- Financiamento sustentável da ciência e da tecnologia;
- Criação de um ambiente político favorável ao desempenho da ciência; e
- Um fundo especial, a "Iniciativa Ciência Africana para a Transformação Agrícola", para promover a solidariedade africana no domínio da ciência.

5.4.2. Nova Parceria Económica para o Desenvolvimento de África

De acordo com o Conselho Inter-Academias (2004) e a Nova Parceria para o Desenvolvimento de África (NEPAD) (2002), os Chefes de Estado e de Governo africanos acordaram uma série de compromissos políticos, económicos e sociais. Estes incluem os seguintes:

- A erradicação da pobreza e a consecução da segurança alimentar (incluindo a disponibilidade e a acessibilidade dos preços);
- Criação de mercados agrícolas estáveis e dinâmicos a nível nacional, intra e inter-regional e internacional;

- Aumentar a produtividade e a competitividade dos agricultores e empresários agrícolas africanos;
- África torna-se um exportador líquido de produtos agrícolas;
- Conseguir uma distribuição equitativa da riqueza;
- A África é um ator estratégico na gestão e desenvolvimento da biodiversidade agrícola através da aplicação da ciência e da inovação;
- África assume a liderança na aplicação de práticas que conservam e sustentam os recursos naturais utilizados na agricultura;
- Assegurar um ambiente propício ao desenvolvimento e à expansão da atividade do sector privado, com especial ênfase no desenvolvimento dos empresários nacionais;
- Promover e aumentar substancialmente o investimento direto estrangeiro e o comércio, com especial ênfase nas exportações de produtos de elevado valor;
- Desenvolvimento de micro, pequenas e médias empresas agrícolas e empresas relacionadas com a agricultura, incluindo no sector "informal".

5.4.3. Programa global de desenvolvimento agrícola em África

De acordo com o InterAcademy Council (2004), o CAADP foi formulado sob os auspícios da NEPAD através do diálogo e do debate entre os investigadores agrícolas africanos, os decisores políticos e a comunidade internacional. Os quatro pilares do CAADP são:

- Alargar a área sob gestão sustentável das terras e sistemas fiáveis de controlo da água;
- Melhoria das infra-estruturas rurais e das capacidades relacionadas com o comércio para o acesso ao mercado;
- Aumentar a oferta de alimentos e reduzir a fome, e
- Expandir a investigação agrícola, a difusão e a adoção de tecnologias

A FARA (2014b) afirma que a prioridade imediata da Agenda Científica para a Agricultura em África é a implementação do CAADP. Isto é particularmente importante a curto e médio prazo e que os objectivos estabelecidos no âmbito do CAADP sejam sustentados.

5.4.4. Adaptação baseada nos ecossistemas Assembleia Alimentar de África

Uma vasta gama de perspectivas inovadoras ganhou aceitação nas ligações entre biodiversidade, ambiente e sistemas agrícolas e alimentares. Munang (2015) descreve uma dessas perspectivas como a adaptação baseada nos ecossistemas para a segurança alimentar. A Agenda de Ação de Nairobi sobre a Adaptação Africana Baseada nos Ecossistemas para a Segurança Alimentar, adoptada no Quénia a 30 e 31 de julho de 2015, reforça a necessidade de múltiplas perspectivas na questão de como a África se deve alimentar. A Conferência no Quénia decidiu fazer o seguinte:

- Formar a Assembleia Africana de Adaptação Baseada em Ecossistemas para a Segurança Alimentar (EBAFOSA) para ser o quadro político que defende uma cultura de EBA para a obtenção de segurança alimentar, produtividade ecológica, criação de emprego, redução da pobreza, adição de valor e desenvolvimento industrial sustentável em África.

- Adotar a Constituição da EBAFOSA como o principal instrumento para orientar os trabalhos da Assembleia.

- Formar um fundo fiduciário para o EBAFOSA para apoiar a implementação das decisões e actividades da Assembleia sobre iniciativas de adaptação baseadas nos ecossistemas em África.

- Solicitar ao Centro Africano de Estudos Tecnológicos, na sua qualidade de instituição pan-africana de ciência, tecnologia e inovação para o desenvolvimento sustentável, em cooperação com o Programa das Nações Unidas para o Ambiente, a Conferência Ministerial Africana

Conferência sobre o Ambiente, a Comissão da União Africana e outros parceiros, para acolher o secretariado da Assembleia.

- Solicitar à FARA, a outras instituições e parceiros, que apoiem o trabalho do EBAFOSA.

- Aplicar, sem reservas, as resoluções do EBAFOSA, bem como a Agenda de Ação de Nairobi nos países africanos.

- Obter o apoio do sector privado para a aplicação de algumas das resoluções, uma vez que o conceito se encontra numa fase embrionária.

5.4.5. Liderança em agricultura e sistemas alimentares

Vermeulen, Campbell, & Ingram (2012) argumentam que a futura segurança alimentar para todos dependerá, em última análise, da gestão das trajectórias interactivas das mudanças socioeconómicas e ambientais. Vermeulen e colegas afirmam ainda que todos os seres humanos participam nos sistemas alimentares e, ao fazê-lo, têm múltiplos objectivos: meios de subsistência, lucro e gestão ambiental, bem como a garantia de alimentos (para nutrição, prazer e funções sociais). Os debates polarizados nos sistemas agrícolas e alimentares teriam de ser geridos por uma liderança competente, de forma a dar oportunidades também aos jovens líderes. As grandes mudanças que estão a ocorrer nos sistemas alimentares exigem conhecimentos actualizados e capacidades de previsão entre os intervenientes, como exemplificado pelo enfoque nos investimentos em tecnologias digitais por Foreign Affairs (2016), uma análise abrangente de algumas das autoridades mundiais na transformação de África.

5.5. Conclusão

Este capítulo mostrou que a agricultura africana recebe grande atenção em todas as suas camadas. A Lógica da Ação Colectiva garante que os africanos que trabalham na agricultura e nos sistemas alimentares se mantenham concentrados nos seus interesses e objectivos comuns. Também descobrimos neste capítulo que, cada vez mais, a maioria das estratégias que abordam os problemas da agricultura africana são lideradas por África e são propriedade de África. Embora existam iniciativas novas e estimulantes, o capítulo mostrou claramente que os africanos precisariam de investir recursos para realizarem plenamente os objectivos estabelecidos. A solidariedade na ação e no objetivo é um pilar da transformação de África. A lógica da ação colectiva só pode funcionar quando existem objectivos partilhados e interesses próprios mútuos. Muitos intervenientes em África responderam ao apelo para aumentar os investimentos em África. No próximo capítulo, sugerimos uma filosofia agrária africana.

6. UMA FILOSOFIA AGRÁRIA AFRICANA

6.1. Introdução

O objetivo deste capítulo é sugerir uma filosofia agrária africana baseada nas perspectivas estabelecidas nas discussões anteriores sobre a filosofia e a lógica da ação colectiva na agricultura africana. Uma filosofia agrária africana é central para a ética moral, o empoderamento e as opções de tomada de decisão disponíveis para os africanos activos na agricultura e nos sistemas alimentares. É sinónimo do manual de instruções de qualquer aparelho ou equipamento novo. Quando os actores decidem sobre assuntos que servem os seus melhores interesses, o resultado só pode ser uma frente fortificada, aberta a outras perspectivas e auto-corrigível, tal como a ciência. Este capítulo tem como objetivo realçar o facto de que os africanos devem ser claros e inequívocos em qualquer dos seus compromissos na agricultura africana. A clareza de objectivos é muito importante para concretizar a visão da transformação de África. Neste capítulo, discutimos as caraterísticas de uma filosofia agrária africana e o que a faria resistir ao teste do tempo.

6.2. Desenvolvimento de uma filosofia agrária africana

A agricultura e os sistemas alimentares são, e sempre foram, uma prioridade e uma questão de segurança nacional para alguns países africanos (GoZ, 2013; Tambi, Aromolaran, Odularu, & Oyeleye, 2014). Esta prioridade e atenção dos Governos à agricultura e aos sistemas alimentares é cada vez mais importante no contexto das alterações climáticas, em que provas crescentes prevêem consequências terríveis para a raça humana, em muitos sectores da economia e nos meios de subsistência. Neste contexto, e juntamente com outras estratégias, os países africanos são instados a possuir uma filosofia agrária para salvaguardar a produção alimentar e garantir a sua sobrevivência nos próximos anos. Segundo Atta-Mensah (2015), África pretende transformar-se num continente de rendimento médio no espaço de uma geração. Na opinião de Argwings - Kodhek, Minde, & Jayne (2002), o facto de não se investir na agricultura e no resto do sistema alimentar pode asfixiar o processo de transformação estrutural. Por conseguinte, todos os meios necessários para garantir a segurança da agricultura e dos sistemas alimentares de África devem merecer a máxima atenção.

A transformação de África parece permitir o desenvolvimento de uma filosofia agrária africana, que, como este estudo defende, coloca África numa posição de relevância e significado no sistema alimentar global. Este estudo defende que a base de uma filosofia agrária africana deve estar enraizada nos conhecimentos e experiências das pessoas, bem como na sua cultura, língua e tradições. Uma filosofia agrária africana é uma agricultura e sistemas alimentares construídos com base na ética moral, criatividade e inovação, e que, inequivocamente, se identifica com as necessidades e aspirações dos africanos e dos seus parceiros de desenvolvimento. Esta visão de um sistema alimentar foi também partilhada por Argwings - Kodhek, Minde, & Jayne (2002). Por exemplo, o Pilar IV do Programa Integrado para o Desenvolvimento da Agricultura em África (CAADP), uma estratégia da Nova Parceria Económica para o Desenvolvimento de África, centrou-se na revitalização, expansão e reforma da investigação agrícola, na divulgação de tecnologias e nos esforços de adoção. A estratégia foi amplamente informada a partir de uma série de consultas aos intervenientes e de uma análise atenta do desempenho anterior da agricultura africana. O CAADP pôs em marcha outras actividades que contribuem para a transformação de África, utilizando a agricultura e os sistemas alimentares como veículo.

6.3. Caraterísticas de uma filosofia agrária africana

Este estudo defende que uma filosofia agrária africana tem as seguintes caraterísticas

- Une os intervenientes devido à sua visão e objectivos comuns partilhados;
- Aberto aos sistemas de conhecimento, valores e culturas;
- Impulsionada pela necessidade de criar conhecimento e capacidades de previsão para os seus clientes;
- Dá prioridade aos pequenos agricultores;
- Transforma o pensamento e a ação humana;
- Promove parcerias e alianças estratégicas;
- Torna possível utilizar inteligentemente a filosofia e a lógica da ação colectiva na agricultura e nos sistemas alimentares;
- Capacita homens, mulheres e jovens;
- Avança as preocupações dos movimentos sociais, como a soberania alimentar;
- Adopta ideias inovadoras, tais como a utilização das tecnologias da informação e da comunicação, a incubação de empresas agrícolas e a utilização moderna da biotecnologia;

- Facilita a criação de riqueza e o desenvolvimento institucional;
- Objectivos e interesses partilhados entre os intervenientes;
- Incentiva os agro-empresários e o desenvolvimento do agro-empreendedorismo;
- Sistemas transparentes de recompensa pela excelência e liderança na agricultura e nos sistemas alimentares; e,
- Fomenta a incubação de empresas agro-industriais e os ecossistemas empresariais.

6.4. A filosofia agrária africana e a Agenda 2030

Uma filosofia agrária africana não existe nem funciona de forma isolada. Uma filosofia agrária africana deve contribuir para os objectivos e metas estabelecidos na Agenda 2030. De acordo com Marks (2016), os Objectivos de Desenvolvimento Sustentável (ODS) estão todos ligados à agricultura. Marks opina que o reconhecimento da contribuição da agricultura para o bem-estar da sociedade é crucial para que o mundo possa realizar os ODS. A Organização das Nações Unidas (ONU) (2015) afirma que a Agenda 2030 para o Desenvolvimento Sustentável é um plano de ação transformador para as pessoas, o planeta e a prosperidade. Foi acordada pelos Chefes de Estado e de Governo e pelos Altos Representantes reunidos na sede da ONU, em Nova Iorque, de 25 a 27 de setembro de 2015. A reunião dos líderes mundiais, peritos, sociedade civil e outros dignitários do Desenvolvimento Internacional deu origem aos novos ODS globais.

De acordo com o Programa das Nações Unidas para o Desenvolvimento (PNUD) (2015), existem 17 ODS e 169 metas, todos eles baseados nos anteriores Objectivos de Desenvolvimento do Milénio (2000 - 2015). Os ODS e as metas estimularão a ação nos próximos 15 anos em áreas de importância crítica para a humanidade e o planeta.

O PNUD (2015) define os ODS da seguinte forma:

ODS 1: Acabar com a pobreza em todas as suas formas, em todo o lado.

ODS2: Acabar com a fome, alcançar a segurança alimentar e uma melhor nutrição, e promover a agricultura sustentável.

ODS3: Assegurar uma vida saudável e promover o bem-estar para todos, em todas as idades.

ODS 4: Assegurar uma educação de qualidade, inclusiva e equitativa, e promover oportunidades de aprendizagem ao longo da vida para todos.

ODS 5: Alcançar a igualdade de género e capacitar todas as mulheres e raparigas.

ODS 6: Garantir a disponibilidade e a gestão sustentável da água e do saneamento para todos.

ODS7: Assegurar o acesso a uma energia acessível, fiável, sustentável e moderna para todos.

ODS 8: Promover o crescimento económico sustentado, inclusivo e sustentável, o emprego pleno e produtivo e o trabalho digno para todos.

ODS9: Construir infra-estruturas resilientes, promover a inclusão e a sustentabilidade industrialização e fomentar a inovação.

ODS10: Reduzir a desigualdade dentro dos países e entre eles.

ODS11: Tornar as cidades e os assentamentos humanos inclusivos, seguros, resilientes e sustentáveis.

ODS12: Assegurar padrões de consumo e produção sustentáveis.

ODS13: Tomar medidas urgentes para combater as alterações climáticas e os seus impactos.

ODS14: Conservar e utilizar de forma sustentável os oceanos, os mares e os recursos marinhos para o desenvolvimento sustentável.

ODS 15: Proteger, restaurar e promover a utilização sustentável dos ecossistemas terrestres, gerir de forma sustentável as florestas, combater a desertificação, travar e inverter a degradação dos solos e travar a perda de biodiversidade.

ODS16: Promover sociedades pacíficas e inclusivas para o desenvolvimento sustentável, proporcionar o acesso à justiça para todos e criar instituições eficazes, responsáveis e inclusivas a todos os níveis.

ODS17: Reforçar os meios de implementação e revitalizar a parceria global para o desenvolvimento sustentável.

Assim, os ODS dão razão aos muitos programas e actividades de um conjunto diversificado de partes interessadas em todo o mundo. Munang (2015) opina que a concretização dos ODS para África exigirá uma "ação inovadora" de todas as partes interessadas. Ninguém deve ser deixado para trás.

6.5. A filosofia agrária africana e a Agenda 2063

A União Africana (UA) é a antecessora da Organização da Unidade Africana (OUA) formada em Adis Abeba em maio de 1963. Baseia-se nas muitas estratégias e quadros que orientaram a OUA até ao início da década de 2000, altura em que a OUA foi transformada em UA. Um princípio central do organismo continental transformado é a necessidade de responder às prioridades africanas em matéria de desenvolvimento. A agricultura africana é uma das prioridades continentais.

A Agenda 2063 é uma visão e um quadro partilhados para orientar a UA no seu trabalho até 2063. A visão da UA é a de "uma África integrada, pacífica e próspera, impulsionada pelo seu próprio povo para ocupar o lugar que lhe cabe na comunidade global e na economia do conhecimento".

De acordo com a Agenda 2063 da Comissão da União Africana (CUA) (2013), as Sete Aspirações para o continente são:

- Uma África próspera baseada no crescimento inclusivo e no desenvolvimento sustentável;
- Um continente integrado, politicamente unido e baseado nos ideais do Pan-Africanismo e na visão do Renascimento de África;
- Uma África da boa governação, da democracia, do respeito pelos direitos humanos, da justiça e do Estado de direito;
- Uma África pacífica e segura;
- Uma África com uma forte identidade cultural, um património comum, valores e ética partilhados;
- Uma África cujo desenvolvimento seja orientado para as pessoas, apoiando-se no potencial do povo africano, especialmente das mulheres e dos jovens, e cuidando das crianças; e
- África como um ator mundial forte, unido e influente.

6.6. Facilitadores para uma filosofia agrária africana

Existem pré-requisitos para que uma filosofia agrária africana resista ao teste do tempo. Princípios comuns e partilhados sobre a agricultura africana assegurariam que o continente está posicionado para fazer uso do seu talento, capacidade humana e conhecimento ao serviço do continente. Uma filosofia agrária africana é um instrumento para fazer avançar a Agenda

2030 e a Agenda 2063. A filosofia deve conduzir a uma maior cooperação e colaboração em domínios de interesse mútuo.

6.7. Conclusão

O capítulo estabeleceu que uma filosofia agrária africana é um conjunto de princípios aos quais os membros devem aderir, em unidade e em solidariedade. A clareza de objectivos é fundamental para garantir o sucesso de uma filosofia agrária africana. Uma filosofia agrária africana permite que as muitas pessoas que dependem da agricultura e dos sistemas alimentares, em toda a África, se envolvam com a ciência e a arte da agricultura, de forma a melhorar os seus meios de subsistência e bem-estar. O capítulo também constatou que a Agenda 2030 e a Agenda 2063 são documentos estratégicos, sinérgicos e complementares. Embora os períodos de tempo destes enquadramentos sejam diferentes, os actores envolvidos e os grupos-alvo são os mesmos. Uma filosofia agrária africana é uma lente com a qual se pode ver a agricultura africana e deve, portanto, promover a cooperação e a colaboração entre os actores.

7. RESUMO, CONCLUSÕES E RECOMENDAÇÕES

7.1. Introdução

Este capítulo apresenta o resumo, as conclusões e as recomendações para o estudo. Metrodorus de Chios, aluno de Demócrito e filósofo grego, disse uma vez: "Nenhum de nós sabe nada, nem mesmo se sabe ou não sabe, nem mesmo o que é saber e não saber". Como este estudo argumentou, a filosofia e a Lógica da Ação Colectiva na agricultura africana podem oferecer-nos novas perspectivas sobre o conhecimento e as capacidades de previsão no que diz respeito ao esforço global para a transformação de África. O estudo foi ancorado na Lógica da Ação Colectiva de Mancur Olson (1932 - 1998), postulada em 1965, e noutros entendimentos filosóficos relacionados. Foi utilizada uma mistura de vários paradigmas de investigação para analisar o conhecimento existente na agricultura africana, bem como para criar uma filosofia agrária africana. Por isso, este capítulo tece os novos conhecimentos estabelecidos nos capítulos anteriores.

7.2. Resumo

O estudo revelou o seguinte:

7.2.1. Prospetiva

- A transformação de África é uma visão e um objetivo partilhados.
- A África tem uma grande oportunidade de beneficiar dos conhecimentos científicos e técnicos disponíveis, desde que aceite os potenciais riscos associados.
- A Filosofia e a Lógica da Ação Colectiva, enquanto fontes de conhecimento, podem orientar o foco do conhecimento e das capacidades de previsão na agricultura africana.
- Os académicos que trabalham com questões africanas têm o dever de assegurar que a filosofia seja alargada aos problemas e questões contemporâneos enfrentados por África.
- A criação de conhecimentos científicos e técnicos, incluindo os conhecimentos agrícolas, é uma ideia credível. A criação de uma filosofia agrária africana neste estudo foi possível através da imaginação. Para apoiar esta abordagem, Albert Einstein (1879 - 1955), o físico teórico, disse uma vez: "A imaginação é mais importante do que o conhecimento".
- As formas inovadoras de aplicar os paradigmas de investigação ao conhecimento

parecem fornecer-nos novas perspectivas sobre o conhecimento disponível e as capacidades de previsão na agricultura africana.

7.2.2. Filosofia

- A filosofia é uma disciplina universal e intemporal.
- A filosofia permite-nos interrogar o nosso ambiente físico e social.
- Quem pensa e quem faz pode fazer avançar os objectivos da transformação de África.
- Os diferentes sistemas filosóficos e as suas histórias registadas permitem aos estudiosos ver o mundo e interagir com ele.
- Ser filósofo é viver uma vida examinada. A ideia de viver uma vida examinada é atribuída às palavras de Sócrates (469 a.C. - 399 a.C.), que disse: "A vida não examinada não vale a pena ser vivida".
- A filosofia não é imune a problemas.
- Os problemas encontrados na filosofia são um mistério para as mentes analíticas na sua tentativa de encontrar uma descrição geral do mundo e de como podemos conhecer as coisas que nele existem.

7.2.3. Transformação da agricultura africana

- A transformação da agricultura é indispensável para o desenvolvimento a longo prazo de África.
- A transformação está enraizada na maioria dos programas de desenvolvimento em África.
- A transformação da agricultura é fundamental para mudar a narrativa dos problemas da pobreza e da fome em África.
- A Agenda 2063 e a Agenda 2030 permitem que as sociedades enfrentem os desafios com que se deparam, possibilitam a mobilização de recursos e permitem tirar partido do conhecimento e das capacidades de previsão, bem como promover a unidade, a solidariedade e a cooperação em valores e interesses partilhados.
- Os pequenos agricultores não devem ser ignorados na agricultura africana.
- As tecnologias de grande alcance na agricultura africana são testemunho de que existe

um grande otimismo quanto à capacidade de África fornecer alimentos para uma população estimada em 9 mil milhões de pessoas até 2050.

7.2.4. A lógica da ação colectiva

- A ação colectiva é um processo dinâmico.
- A ação colectiva surge quando os esforços de dois ou mais indivíduos são necessários para alcançar um resultado.
- Toda a ação colectiva visa produzir bens públicos para uma categoria específica de indivíduos ou grupos.
- O que as pessoas pensam que vão ganhar ou perder em resultado de qualquer proposta é, em parte, determinado pelos seus interesses.
- Em certos casos, as pessoas podem agir por outras razões que não o interesse próprio.
- A coerência entre as pessoas e as organizações envolvidas no conhecimento e nas capacidades de previsão é fundamental, e o seu fracasso resulta num caos completo.
- A lógica da ação colectiva tende a garantir que os actores da agricultura africana se concentrem nos seus interesses e objectivos comuns.
- A Lógica da Ação Colectiva pode produzir melhor os resultados desejados quando existem interesses e objectivos partilhados.

7.2.5. Filosofia agrária africana

- Uma filosofia agrária africana é essencial para a capacitação e as opções de tomada de decisão disponíveis para os africanos activos na agricultura e nos sistemas alimentares.
- A agricultura e os sistemas alimentares são, e sempre foram, uma prioridade e uma questão de segurança nacional para alguns países africanos.
- A base de uma filosofia agrária africana é a agricultura e os sistemas alimentares ancorados nas experiências, cultura, língua e história das pessoas.
- A agricultura e os sistemas alimentares baseados na ética moral, na criatividade e na inovação parecem identificar-se com as necessidades e aspirações de África e dos seus parceiros de desenvolvimento.
- Uma filosofia agrária africana é uma lente para ver o mundo da agricultura, tal como a

Agenda 2030 e a Agenda 2063.

7.3. Conclusões

O estudo concluiu que a filosofia e a Lógica da Ação Colectiva podem ser associadas à agricultura africana. De certa forma, esta ligação estreita ajuda a promover a transformação de África. A Filosofia e a Lógica da Ação Colectiva dão-nos um vislumbre das contribuições dos africanos para a civilização humana. Estes contributos constituem o conhecimento e a realidade social em África e no mundo. O estudo também estabeleceu que o papel de África no conhecimento e nas capacidades de previsão é capturado em estratégias visionárias como a Agenda 2030 e a Agenda 2063. Constatámos igualmente que as expressões africanas estão integradas na sua cultura, língua e tradição, e que se trata de uma ciência e de uma arte, um ingrediente necessário para participar ativamente numa sociedade baseada no conhecimento, na qual a ciência, a tecnologia e a inovação ultrapassam os limites da geração de conhecimentos e das capacidades de prospetiva. Tal como se defende neste estudo, África deve aproveitar de forma inteligente os conhecimentos e as capacidades de previsão disponíveis.

A transformação de África não se limita à agricultura africana. Está também associada às tradições intelectuais noutros sectores para além da agricultura. O estudo observou que é necessária liderança na agricultura africana para aproveitar todo o potencial das novas tecnologias, como os sistemas aéreos não tripulados, a biotecnologia, a agricultura inteligente face ao clima e a adaptação baseada nos ecossistemas para a segurança alimentar. As novas plataformas criadas pelos africanos exigem dedicação, empenho e um acompanhamento sério para atingir os objectivos estabelecidos. Quando a liderança actua, África pode alterar a sua estatura no mundo. As tecnologias modernas na agricultura africana são uma mistura de comunidades de investigação inovadoras, tradições humanas e culturais. Segundo o estudo, nenhum país é capaz de progredir sem referência à sua própria cultura e tradições.

O estudo afirmava que, por vezes, "a imaginação é mais importante do que o conhecimento", inspirando-se em Albert Einstein (1879 - 1955). A imaginação é necessária nos estudos sobre as várias formas de criar novos conhecimentos e capacidades de previsão na agricultura africana. As ameaças das alterações climáticas e das alterações ambientais globais colocam os milhões de pequenos agricultores em risco de extinção. No entanto, os estudos críticos sobre a agricultura africana devem ir além do enfoque no aumento da produtividade e na promoção da resiliência dos pequenos agricultores, que frequentemente caracteriza os diálogos sobre a transformação de África. O estudo defende que novas formas de conhecimento podem moldar o que sabemos sobre a agricultura africana, desde que estejamos dispostos a examinar as provas apresentadas.

O estudo observou que uma filosofia agrária africana precisa de ser bem definida e com descrições claras. Sem uma descrição clara e precisa desta filosofia, mesmo os programas e actividades bem intencionados na agricultura africana estão condenados ao fracasso. Os movimentos sociais são um impulso para uma filosofia partilhada. O estudo defende que, nos próximos tempos, o sucesso da agricultura africana dependerá da aplicação inteligente de uma filosofia agrária africana. Por último, James Emmanuel Kwegyir Aggrey (1875 - 1927), um gigante intelectual nascido no Gana, e carinhosamente conhecido como "Aggrey de África", desafiou os africanos há muitos anos quando disse: "Só o melhor é suficientemente bom para África.

7.4. Recomendações

Este estudo recomenda o seguinte para a agricultura africana:

- Uma filosofia agrária africana explícita é importante para as acções unificadas dos actores da agricultura africana.
- Criar novos conhecimentos e capacidades de prospetiva na agricultura africana através de novas formas de processar os dados disponíveis e o conjunto de conhecimentos existentes.
- Uma filosofia agrária africana é uma lente com a qual os africanos podem implementar a Agenda 2030 e a Agenda 2063.
- Aproveite os benefícios positivos da Lógica da Ação Colectiva quando se trata de analisar o pensamento e a ação humana.
- Reforçar o conhecimento e as redes académicas na agricultura africana.
- Fazer da transformação de África um conceito abrangente que vá para além da agricultura africana.
- Os pequenos agricultores não devem ser ignorados na transformação de África.
- Abertura a múltiplas formas de criar conhecimentos e capacidades de previsão para a transformação de África.

7.5. Áreas de estudos futuros

O autor recomenda a realização de estudos futuros sobre os seguintes aspectos:

- Quadros conceptuais adequados para processar quaisquer conhecimentos e capacidades de previsão num sector de interesse para a transformação de África.
- A contribuição de certos académicos africanos para a agricultura africana e a transformação africana, respetivamente.
- O papel da comunicação científica no desenvolvimento de uma filosofia agrária africana.

8. REFERÊNCIAS

Aaker, H. (1999). *Research Designs*. London: Allyn and Bacon.

Abdi, A.A. (2008) Europe and African Thought Systems and Philosophies of Education, *Cultural Studies, 22*:2, 309-327, DOI: 10.1080/09502380701789216

Acedido em 25 de setembro de 2015

ACTS. (2016). *O tecnopolitano africano*. Nairobi: Centro Africano de Estudos Tecnológicos.

Painel de Progresso de África. (2015). *Poder. People. Planet: Aproveitar as Oportunidades de Energia e Clima de África*. Painel de Progresso de África.

AGRA (2015). *Relatório sobre o estado da agricultura em África: Juventude na Agricultura na África Subsaariana*. Nairobi: Aliança para uma Revolução Verde em África.

Altieri, A.M. (1983). *Agroecology, the Scientific Basis for Alternative Agriculture*. Berkeley, U.C: Berkeley.

Alverson, H. (1978). Alimentar África: A Dissent from Development, Issue: *Um Jornal de Opinião, Vol. 8,* N.º 4, África 2000 (inverno, 1978), pp. 20-22, African Studies Association Stable, DOI: http://www.jstor.org/stable/1166319 Accessed: 1509-2015 17:37 UTC.

Annan, K. & Dryden, S. (2015). *Alimentação e Transformação de África*. Negócios Estrangeiros: Conselho de Relações Exteriores.

Arens, E. (1994). *A Lógica do Pensamento Pragmático. De Peirce a Habermas*. Atlantic Highlands: Humanities Press.

Argwings -Kodhek, G., Minde, I.J., & T.S. Jayne. (2002). Introdução: Setting the Stage. Em: T.S. Jayne, Isaac J. Minde, & Gem Argwings - Kodhek (Eds), *Perspectives on Agricultural Transformation: A View from Africa*. Nova Iorque: Nova Science Publishers

Asante, M.K. (2000). *Os Filósofos Egípcios: Ancient African Voices from Imhotep to Akhenaton*. Chicago: African Images.

Atta-Mensah, J. (2015). Rumo à transformação económica de África. *China - USA Business Review, Vol. 14* (4): 171 - 184 doi: 10.17265/1537 - 1514/2015.04.001

AU. (2003). *Declaração de Maputo sobre Agricultura e Segurança Alimentar*. Addis Abeba: União Africana.

AU. (2014). *Declaração de Malabo sobre Crescimento Agrícola Acelerado e Transformação para Prosperidade Partilhada e Melhoria dos Meios de Subsistência.* Addis Abeba: União Africana.

AU. (2014). *Estratégia de Ciência, Tecnologia e Inovação para África 2024.* Addis Abeba: Comissão da União Africana.

AU. (2015). *Investir em África.* Londres: News Desk Media.

AUC. (2013). *Agenda 2063: A África que Queremos.* Addis Abeba: Comissão da União Africana.

Bastos Lima, M.G. (2014). *Políticas e práticas para uma agricultura inteligente face ao clima na África Subsariana: Uma avaliação comparativa dos desafios e oportunidades em 15 países. Relatório de síntese.* Pretória: Rede de Análise de Políticas de Alimentação, Agricultura e Recursos Naturais.

Berg, B.L. (1989). *Qualitative Research Methods for the Social Sciences.* Boston: Allyn and Bacon.

Black, P. E., & D. Plowright. (2010). Um modelo multidimensional de aprendizagem reflexiva para o desenvolvimento profissional. *Reflective Practice, 11*(2), 245-258. doi:10.1080/14623941003665810.

Bojang, F. & Ndeso-Atanga, A. (eds.) (2013). Juventude Africana na Agricultura, Recursos Naturais e Desenvolvimento Rural. *Nature and Faune, Vol. 28* (1). Accra: Gabinete Regional para África da Organização para a Alimentação e a África.

Brookfield, S.D. (1990). Utilizando incidentes críticos para explorar as suposições dos alunos. Nas páginas 177-193 de J. Mezirow (Ed.), *Fostering Critical Reflection in Adulthood.* San Franscisco: Jossey-Bass Publishers.

Clark, W.C., P. Kristijanson, B. Campbell, C. Juma, N.M. Holbrook, G. Nelson e N. Dickson. (2010). Melhorar a segurança alimentar numa era de alterações climáticas globais. An Executive Session on Grand Challenges of the Sustainability Transition San Servolo Island, Venice - June 6 - 9, 2010. Documento de trabalho do Centro para o Desenvolvimento Internacional. Boston, Massachusetts: Centro para o Desenvolvimento Internacional da Universidade de Harvard.

Cleland, J. (2013). Crescimento da população mundial; passado, presente e futuro.

Environmental & Resource Economics 55: 543 - 554.

Cohen, L., L. Manion, & K. Morrison. (2007). *Métodos de Investigação em Educação. 6th Edition.* London: Routledge.

Connolly, A.J. (2014). Um GLIMPSE™ para o futuro: A Lens through which to consider 'Africa rising'. In: *Gestão Internacional de Alimentos e Agronegócios*

Revista. Vol. 17, Edição Especial B: African Agribusiness on the Move - Case studies on Food and Agribusiness Success in Africa, 2014.

CTA. (2010). *O papel da pecuária nas comunidades em desenvolvimento: Enhancing Multifunctionality.* Swanepoel, F., Stroebel, A. e S. Moyo (Eds.). Bloemfontein, África do Sul: University of the Free State e The Technical Centre for Agricultural and Rural Cooperation.

CTA. (2014). *Provas de impacto: Agricultura inteligente face ao clima em África. Histórias de sucesso.* Wageningen: Centro Técnico de Cooperação Agrícola e Rural.

Dalgleish, M.C. (2015). A Nova Aliança: Ganhando terreno em África. In: Forte, C. M. (ed.) *Force Multipliers: The Instrumentalities of Imperialism, Vol. 5.* Montreal, QC: Alert Press.

Dasgupta, S. (2004). *A History of Indian Philosophy, Vol. 1.* O Livro Eletrónico do Projeto Gutenberg.

De Villiers, M.R. (2005). Três abordagens como pilares da investigação interpretativa em Sistemas de Informação: investigação de desenvolvimento, investigação-ação e teoria fundamentada. Actas do SAICSIT.

Dewey, J. (1931). O desenvolvimento do pragmatismo americano, In: Dewey J. (1931). *Philosophy and Civilization.* New York: Minton, Balch & Co.

Diop, C.A. (1974). *A Origem Africana da Civilização: Myth and reality* (editado e traduzido por Mercer Cook). Westport, Connecticut: Lawrence Hill and Company e Paris: Presence Africaine.

Dobermann, A. & R. Nelson. (2013). Oportunidades e soluções para a produção alimentar sustentável. Documento de referência para o Painel de Alto Nível de Pessoas Eminentes sobre a Agenda de Desenvolvimento Pós-2015. Nova Iorque: Rede de Soluções para o Desenvolvimento Sustentável.

Du Bois, W. E. B. (1973). *The Education of Black People: Ten critiques, 19061960* (H. Aptheker, Ed.). New York: Monthly Review Press.

Efron, S. (2015). *A utilização de sistemas aéreos não tripulados para a agricultura em África: Can It Fly?* Dissertação de doutoramento. Escola de Pós-Graduação RAND Pardee Rand.

Eicher, C. e S. Haggblade. (2013). Desenvolvimento de Capacidades para a Modernização dos Sistemas Alimentares Africanos (MAFS), A Evolução do Ensino e Formação Agrícola. Global Insights of Relevance for Africa. Documento de trabalho n.º 4. O Consórcio para a Modernização dos Sistemas Alimentares Africanos.

FANRPAN. (2015). *Agrideal, Vol. 3.* Pretória: Rede de Análise de Políticas de Alimentação, Agricultura e Recursos Naturais.

FAO (2014). *Juventude e Agricultura: Key Challenges and Concrete Solutions*. Roma: FAO

FAO. (2010). *Agricultura inteligente face ao clima: Policies, Practices and Financing for Food Security, Adaptation and Mitigation (Políticas, práticas e financiamento para a segurança alimentar, adaptação e mitigação).* Roma: Organização das Nações Unidas para a Alimentação e a Agricultura.

FAO. (2011). *Save and Grow: A policymaker's guide to the sustainable intensification of smallholder crop production.* Roma: FAO.

FARA (2014). *FARA's 2014 - Plano Estratégico 2018 da FARA: Reforçar o papel de África*

Innovation Capacity for Agricultural Transformation (Capacidade de Inovação para a Transformação Agrícola). Accra: Fórum para a Investigação Agrícola em África.

FARA. (2006). *Quadro para a Produtividade Agrícola Africana.* Accra: Fórum para a Investigação Agrícola em África.

FARA. (2014). *Agenda científica para a agricultura em África (S3A): "Ligar a Ciência" para transformar a agricultura em África.* Accra: Fórum para a Investigação Agrícola em África.

Fasiku, G. (2008). A Filosofia Africana e o Método da Filosofia da Linguagem Comum. *Jornal de Estudos Pan-Africanos, Vol. 2* (3): 100 - 116.

Feder, E. (1976). Agribusiness in Underdeveloped Agricultures: Harvard Business School Myths and Reality, *Economic and Political Weekly, 11* (29): 1065- 1067+1069-1080,DOI:

http://www.jstor.org/stable/4364798

Figueroa, M. (2015). Soberania alimentar na vida quotidiana: Toward a People- Centred Approach to Food System. *Globalizations, 12*:4, pp. 498-512, DOI: http://dx.doi.org/10.1080/14747731.2015.1005966

Fishman, D.B. (1999). *The case for pragmatic psychology.* New York: New York University Press.

Foley, J.A., Ramankutty, N., Brauman, K.A., Cassidy, E.S., Gerber, J.S., Johnston, M., Mueller, N.D. et al. (2011). Soluções para um planeta cultivado. *Nature, Vol. 478:* 337 - 342, doi: 10.1038/nature10452

Previsão. (2011). *O futuro da alimentação e da agricultura: Final Project Report.* Londres: Gabinete do Governo para a Ciência.

Negócios Estrangeiros. (2016). *Agricultores africanos na era digital: como as soluções digitais podem permitir o desenvolvimento rural.* Florida: Negócios Estrangeiros.

Forte, C. M. (ed.) (2015). *Multiplicadores de força: The Instrumentalities of Imperialism, Vol. 5.* Montreal, QC: Alert Press.

Glass, L. (1989). Investigação histórica. Em P.J. Brink & M.J. Wood (Eds.), *Advanced Design in Nursing Research.* Newbury Park, CA: Sage.

GoZ (2013). *Agenda do Zimbabué para a Transformação Sustentável e Socioeconómica.* Harare: Impressoras do Governo.

Graness, A. (2015). Writing the history of philosophy in Africa: where to begin?, *Journal of African Cultural Studies,* DOI: http://10.1080/13696815.2015.1053799 Acesso em 25 de setembro de 2015.

Hegel, G. W. F. von. (1964). *A Filosofia da História.* Nova Iorque: Hulley Book.

Hegel, G.W.F. von. (1975). *Lectures on the Philosophy of World History: Introdução.* Cambridge, Reino Unido: Cambridge University Press.

Hegel,G.W.F. (2011). *A Filosofia da História* (trans. J.Sibree) Kitchener, Ontário: Batoche Books.

Higgs, P. (2011). A Filosofia Africana e a Descolonização da Educação em África. *Filosofia e Teoria da Educação*, doi: 10.1111/j.1469 - 5812.2011.00794.x Acedido em 9 de outubro de

2015.

Holomisa, P. (2006). Os modos africanos não são opressivos para as mulheres (24 de junho de 2006). In: *According to Tradition: A Cultural Perspective on Current Affairs,*NkosiPhathekileHolomisa -Ah! Dilizintaba". Joanesburgo: Real African Publishers.

Holomisa, P. (2008). Preservar e proteger o nosso património cultural na era da esperança (7 de fevereiro de 2008). In: *According to Tradition: A Cultural Perspective on Current Affairs*, NkosiPhathekileHolomisa -Ah! Dilizintaba". Joanesburgo: Real African Publishers.

Hountondji, P. (1996). Filosofia Africana: Myth and Reality, Rev. Segunda e.d Bloomington and Indianapolis: Indiana University Press.

IAASTD (2009). A agricultura numa encruzilhada: Relatório Global. Avaliação Internacional do Conhecimento, Ciência e Tecnologia Agrícolas para o Desenvolvimento.

Ikuenobe, P. (2001). African Tradition, Philosophy, and Modernization, *Philosophical Papers, 30:*3, 245-259, DOI: 10.1080/05568640109485088 Acesso em 25 de setembro de 2015.

Conselho Inter-Academias. (2004). *Realizing the promise and potential of African agriculture: Science and technology strategies for improving agricultural productivity andfood security in Africa.* Amesterdão: Conselho Interacadémico.

James, B., Manyire, H., Tambi, E. & S. Bangali. (2015). *Barreiras à expansão/expansão da agricultura climaticamente inteligente e estratégias para aumentar a adoção em África.* Accra: Fórum para a Investigação Agrícola em África. .

James, W. (1907). *Pragmatismo: A New Name for Old Ways of Thinking.* New York: Longman and Green Co.

Jarrad, R.D. (2001). *Método Científico: um livro online.* Departamento de Geografia e Geofísica: Universidade de Utah.

Jinadu, A.M. (2014). Repensando a comparação entre as filosofias africana e ocidental. *Jornal de Ciência Política e Desenvolvimento, 2*(8): 180 - 187, DOI: 10.14662/IJPSD2014.037.

Juma, C. & L.Y. Cheong. (2005). *Innovation: Applying Knowledge in Development,* Projeto do Milénio da ONU: Task Force on Science, Technology, and Innovation, Londres: Earthscan & Projeto do Milénio da ONU

Juma, C. (2011). *The New Harvest: Agricultural Innovation in Africa*. Nova Iorque: Oxford University Press.

Juma, C. (2012). Abundância tecnológica para a agricultura mundial: O papel da Biotecnologia. Série de Documentos de Trabalho de Investigação da Faculdade. Harvard Kennedy School. John. F. Kennedy School of Government. março de 2012. RWP12 - 008.

Juma, C. (2016). *Educação, investigação e inovação em África. Forjar ligações estratégicas para a transformação económica.* Massachusetts: Harvard Kennedy School of Government, Centro Belfer para a Ciência e os Assuntos Internacionais.

Kanu, I. A. (2014a). "Uma Historiografia da Filosofia Africana". *Revista Global de Análise de Investigação. Volume-3* (8), agosto

Kanu, I.A. (2014b). "O significado e a natureza da filosofia africana num mundo globalizado". *Revista Internacional de Humanidades, Ciências Sociais e Educação (IJHSSE), Volume 1* (7): pp 86-94

Keating, B.A., Carberry, P.S., Bindraban, P.S., Asseng, S., Meinke, H., & J. Dixon. (2010). Eco-efficient agriculture: concepts, challenges, and opportunities (Agricultura eco-eficiente: conceitos, desafios e oportunidades). *Crop Science 50:* S-109 - 119.

Kenyatta, J. (1965). *Facing Mt. Kenya.* Nova Iorque: Random House.

Koonathan, B.P. (2011). *Filosofia Ocidental Moderna, Material de Estudo do Curso Básico de Filosofia BA VI Semestre.* (Escola de Educação à Distância: Universidade de Calicute, Índia, 2011)

Kotanteng-Pipim, S. (2013). *Africa Must Think: Thought Nuggets on Africa.* Michigan: EAGLESonline Books.

Lai, H. (2009). Diálogo desejado: ao nível das crenças de valor entre as filosofias chinesa, ocidental e marxista. *Ciências Sociais, Vol. XXX*, (3): 127 - 138 DOI: 10.1080/02529200903 Acedido em 7 de dezembro de 2015.

Lee, A.S. (1991). Integrating Positivist and Interpretivist Approaches to Organizational Research. *Organization Science, Vol. 2* (4): 342 - 365.

Levine, I. (1955). O que a filosofia nos pode ensinar. In: Levine, I. (1955). *Philosophy: Man's Search for Reality.* Londres: Odhams Press Limited.

Lovejoy, A.O. (1908). The Thirteen Pragmatisms. *O Jornal de Filosofia, Psicologia e Métodos Científicos, 5*(1 -2): 5 - 39.

Mack, L. (2010). Os fundamentos filosóficos da investigação educacional. *Polyglossia, Vol. 19*: 5 - 11.

Malunga, C. (2014). Identificar e compreender as normas e valores africanos que apoiam o desenvolvimento endógeno em África, *Development in Practice, 24*:5-6, 623-636, DOI: http://dx.doi.org/10.1080/09614524.2014.937397

Marks, A. (2016). A agricultura está em todos os ODS: Parte 1 e II, Londres: Agriculture for Impact, Imperial College London

Marongwe, S.L., Kwazira, K., Jenrich, M., Thierfelder, C., A. Kassam, & T. Friedrich. (2011). Um sucesso africano: o caso da agricultura de conservação no Zimbabué, *International Journal of Agricultural Sustainability, 9* (1): 153 - 161

Marshall, G. (1998). *A Dictionary of Sociology (Dicionário de Sociologia*). Nova Iorque: Oxford University Press

Martinich, A. P. & D. Sosa (eds.). (2001). *Blackwell Companions to Philosophy: A Companion to Analytic Philosophy.* Oxford: Blackwell Publishers Ltd.

Masolo D.A. (1994) *African Philosophy in Search of Identity*. Bloomington: Indiana University Press.

Maxwell, S. (1998). *Agricultural development and poverty in Africa (Desenvolvimento agrícola e pobreza em África*). Wageningen: Centro Técnico de Cooperação Agrícola e Rural.

Mbiti, J.S. (1970). *African religions and philosophy.* Garden City, N.Y.: Anchor Books.

McGinn, M. (1997). *Wittgenstein and the Philosophical Investigations.* Londres: Routledge.

Mezirow, J. (1990). Como a reflexão crítica desencadeia a aprendizagem transformadora. Nas páginas 1-20 de J. Mezirow (ed.) *Fostering Critical Reflection in Adulthood.* San Franscisco: Jossey-Bass Publishers.

Moore, G.E. (1953). *Some Main Problems of Philosophy*. Londres: George Allen

& Unwin e Nova Iorque: The MacMillan Company

Moyo, B & Ramsamy (2014). Filantropia africana, pan-africanismo e desenvolvimento de África. *Desenvolvimento na Prática, Vol. 24, Nos. 5-6,* pp. 656 - 671, DOI:

http://dx.doi.org/10.1080/09614524.2014.937399

Mudimbe, V. Y. (1988). *The Invention of Africa*. Bloomington e Indianápolis: Indiana University Press.

Munang, R. (2015). *Realização dos Objectivos de Desenvolvimento Sustentável em África*. Nova Iorque: International Policy Digest.

Munang, R., J, Andrews, K. Alverson, & D. Mebrata. (2013). Aproveitando a adaptação baseada em ecossistemas para abordar as dimensões sociais das mudanças climáticas. *Environment: Ciência e Política para o Desenvolvimento Sustentável, 56* (1): 18 - 24.

NEPAD (2002). Programa Global para o Desenvolvimento da Agricultura em África. Midrand: Nova Parceria para o Desenvolvimento de África.

NEPAD (2013). Agricultura Africana, transformação e perspetivas. Midrand: Nova Parceria Económica para o Desenvolvimento de África.

Nwala, T.U. (1997). *A Modern Introduction to Philosophy and Logic (Uma Introdução Moderna à Filosofia e à Lógica*). Nsukka: Niger Books and Publishing Co. Ltd.

Gabinete do Secretário da Defesa. (2005). Unmanned Aircraft Systems. Roadmap, 2005 - 2030.

Oguejiofor, J.O. (2014). Filosofia africana: O estado da sua historiografia, *Diogenes, Vol 59 (3-4),* 139 - 148, DOI: http://10.1177/0392192113505065

Acedido em 13 de outubro de 2015

Oliver, P. (2004). *Sociologia 626*. primavera de 2004.

Olson, M. (1965). *The Logic of Collective Action.* Cambridge: Harvard University Press.

Ostrom, E. (2000). Collective Action and the Evolution of Social Norms. *Journal of Economic Perspectives, Vol. 14* (3): 137 - 158.

Ostrom, E. (2004). Ação colectiva e direitos de propriedade para o desenvolvimento sustentável: Compreender a ação colectiva. Focus 11, Brief 2 of 16. fevereiro de 2004, 2020 Vision for Food, Agriculture and The Environment.

Osuagwu, M. (1999). *Uma História Contemporânea da Filosofia Africana*. Owerri: Publicações Amamihe.

Pears, D. (1971). *Wittgenstein.* Frank Kermode (ed.) London: W.m. Collins and Sons. Ltd.

Peirce, C.S. (1904). O que é o Pragmatismo. *The Monist, Vol. XV*, No.2.

Perrett, R.W. (1998). Truth, Relativism and Western Conceptions of Indian Philosophy (Verdade, Relativismo e Concepções Ocidentais da Filosofia Indiana). *Asian Philosophy, 8* (1): 19 - 29, DOI: 10.1080/09552369808575 Acedido em 7 de dezembro de 2015.

Pretty et. al. (2010). As 100 principais questões de importância para o futuro da agricultura mundial. *Revista Internacional de Sustentabilidade Agrícola, 8* (4): 219 - 236, DOI: 10.3763/ijas.2010.0534

Pretty, J., Toulmin, C. & Williams, S. (2011). Intensificação sustentável em

Agricultura africana. *Revista Internacional de Sustentabilidade Agrícola, 9* (1): 5 - 24

Rescher, N. (2000). *Paradigma realista. Uma introdução à filosofia pragmática.* Albany: SUNY Press.

Rogers, R. R. (2001). A reflexão no ensino superior: Uma análise concetual. *Ensino Superior Inovador, 26*(1), 37-57.

Rothchild, I. (2006). Indução, dedução e o método científico: An Eclectic Overview of the Practice of Science (Uma visão eclética da prática da ciência). Sociedade para o Estudo da Reprodução.

Rukuni, M. (2007). *Ser Afrikan: Rediscovering the Traditional Unhu-Ubuntu- Botho Pathways of Being Human.* África do Sul: Mandala Publishers.

Russell, B. (1912). *The Problems of Philosophy.* Londres: Williams & Norgate

Russell, B. (1945). *A History of Western Philosophy and Its Connection with Political and Social Circumstances from the Earliest Times to the Present Day [Uma História da Filosofia Ocidental e a sua Relação com as Circunstâncias Políticas e Sociais desde os Primeiros Tempos até aos Dias de Hoje*]. Nova Iorque: Simon and Schuster.

Sandler, T. (1992). *Collective Action: Theory and Applications.* Ann Arbor: The University of Michigan Press.

Sandler, T. (2004). *Global Collective Action.* Cambridge University Press.

Sanford, F. (1899). O método científico e as suas limitações: An Address at the Eighth Annual Commencement Leland Stanford Junior University, May 24, 1899. Universidade de Stanford:

Stanford University Press.

Serequeberhan, T. (1994). *A hermenêutica da filosofia africana: Horizonte e discurso.* Boston: Routledge Kegan Paul.

Spurrett, D. (2008). Why I am not an analytic philosopher, *South African Journal of Philosophy, 27:*2, 153-163, DOI: http://10.4314/sajpem.v27i2.31509 Acesso em 25 de setembro de 2015

Steenwerth, K.L., Hodson, A.K., Bloom, A.J., Carter, M.R., Cattareo, A., Chartres, C.J. et al. (2014). Agenda de investigação global sobre agricultura inteligente face ao clima: base científica para a ação. A Review. *Agricultura e Segurança Alimentar, 3*(11): 1 - 39.

Stepanyants, M. (2009). Repensar a história da filosofia. *Diogenes, 222 & 223:* 138 - 150, DOI: 10.1177/0392192109339093 Acedido em 7 de dezembro de 2015

Tambi, E., Aromolan, A., Odularu, G. & Oyeleye, B. (2014). *Soberania alimentar e segurança alimentar em África: Qual é a posição de África?* Accra: Fórum para a Investigação Agrícola em África.

Thompson, P.B. (2007). Agricultural sustainability: what it is and what it is not. *International Journal ofAgricultural Sustainability 5*(1): 5 - 16

Fundação Tony Elumelu (2015). Libertar os empresários de África: Improving the Enabling Environment for Start-Ups, julho de 2015. Fundação Tony Elumelu - Instituto Africapitalismo.

ONU. (2015). Agenda 2030: Transformando o nosso mundo. Nova Iorque: Nações Unidas.

PNUD. (2015). *Objectivos de Desenvolvimento Sustentável.* Nova Iorque: Nações Unidas.

UNECA. (2013). *Transformação económica para o desenvolvimento de África.*

Washington, D.C.: Comissão Económica das Nações Unidas para África.

ONUDI (2011). Agronegócio para a Prosperidade de África. Kandeh K. Yumkella, Patrick M. Kormawa, Torben M. Roepstorff, & Antony M. Hawkins (eds.) UNIDO.

Nações Unidas (2013). *Uma Nova Parceria Global: Erradicar a Pobreza e Transformar as Economias através do Desenvolvimento Sustentável. Relatório do Painel de Alto Nível de Personalidades Eminentes sobre a Agenda de Desenvolvimento Pós-2015.* Nova Iorque: Nações Unidas

Vanlauwe, B. (2015). Gestão sustentável dos recursos agrícolas: Unlocking Land Potential for Productivity and Resilience (Desbloqueando o Potencial da Terra para Produtividade e Resiliência). Documento de referência. Alimentar África, 21 - 23 de outubro de 2015, Plano de Ação para a Transformação da Agricultura Africana. Conferência Internacional Abdou Diouf, Dakar, Senegal.

Vanni, F. (2014). O papel da ação colectiva. Capítulo 2, Agricultura e bens públicos, doi: 10.1007/978-94-007-7457-5_2. Springer Science.

Vermeulen, S., Campbell, B. M., &Ingram, J.S.I. (2012). Alterações climáticas e

Food Systems, *Annu. Rev. Environ. Resour. 37:* 195 - 222

Weinberg, J.M., Gonnerman, C., Buckner, C. & J. Alexander. (2010). Are philosophers expert intuiters?", *Philosophical Psychology, 23*:3, 331-355, DOI: 10.1080/09515089.2010.490944 Acedido em 25 de setembro de 2015.

Wezel, A., Bellon, S., Dore, T., Francis, C., Vallod, D., & C. David. (2009). Agroecologia como uma ciência, um movimento e uma prática. Uma revisão. *Agronomia para o Desenvolvimento Sustentável 29*, 503 - 515.

Widgren, M. (2016). Intensificação agrícola na África subsaariana 1500 - 1800. Capítulo no prelo In: *Desenvolvimento Económico e História Ambiental nos Antropocenos: Perspectivas sobre a Ásia e a África*. Suécia: Bloomsbury Academic.

Wilson, E. (2010). *A Sabedoria de Confúcio.* Alemanha: O livro eletrónico do Projeto Gutenberg.

Wiredu, K. (1980). *Philosophy and an African Culture.* Londres: Cambridge University Press.

Banco Mundial. (2008). *Relatório sobre o Desenvolvimento Mundial 2008: Agriculture for Development*. Washington, DC: Banco Mundial.

Banco Mundial. (2013). *Growing Africa: Desbloquear o potencial do agronegócio.* Washington, DC: Banco Mundial.

Instituto World Watch. (2011). *State of the World: Innovations That Nourish The Planet.* New York: W.W. Norton & Company

Xu, J. & R. H. Carey. (2013). The Renaissance of Public Entrepreneurship (O Renascimento do Empreendedorismo Público): Governing Development Finance in a Transforming World: Background Research Paper Submitted to the High Level Panel on the Post-2015 Development Agenda, maio de 2013.

Zweerde, E. van der (2009). O lugar da filosofia russa na história filosófica mundial. *Diógenes, 222&223* : 170 - 186, DOI:

10. 1177/0392192109336384Accessedon7December2015.

APÊNDICES

História académica do autor

1985: Nasceu em Dangamvura, Mutare, Zimbabué

1991: Início do ensino primário

1997: Certificado de conclusão do ensino primário

1998: Início do ensino secundário

1999: Certificado Júnior de Educação do Zimbabué concluído

2001: Certificado de conclusão do nível ordinário de ensino

2002: Iniciou o nível avançado de educação

2003: Certificado de conclusão do nível superior de ensino

2004: Iniciou os estudos a nível de licenciatura na Universidade de África

2007: Licenciado com uma segunda classe superior (2.1.), B.Sc. em Agricultura e Recursos Naturais

2008: Iniciou uma carreira no serviço público: Ministério da Agricultura, Mecanização e Desenvolvimento da Irrigação

2010: Iniciou os estudos a nível de licenciatura na Universidade Nacional Chung Hsing (NCHU) em Taiwan

2012: Adiou os estudos na NCHU, regressou ao Zimbabué

2015: Demitiu-se das funções governamentais, para reforçar os conhecimentos e as competências nos domínios da ciência e da agricultura

2015: Início de um novo programa de licenciatura na Universidade das Mulheres em África

Conferências e formações selecionadas, 2010 - 2015

2015: Conferência, 1st Africa Agribusiness Incubation Conference and Expo, 28th a 30th setembro, Quénia

2015: Conferência, 2nd Conferência sobre Adaptação Baseada em Ecossistemas para a Segurança Alimentar em África, 30th a 31st julho, Quénia

2015: Conferência, "Permitir a tomada de decisões e a articulação de políticas para a adaptação às alterações climáticas em África", Quénia

2014: Conferência, Diálogo Político de Alto Nível sobre Segurança Alimentar, do Rendimento e Nutricional, 1st setembro, Etiópia

2014: Conferência, Diálogo de Alto Nível sobre Políticas e Múltiplas Partes Interessadas, Madagáscar

2013: Conferência, Diálogo de Alto Nível sobre Políticas para a Juventude e Objectivos de Desenvolvimento Sustentável, Quénia

2013: Conferência, Política de Alto Nível e Diálogo com Múltiplas Partes Interessadas, Lesoto

2013: Conferência, 6th Semana Africana das Ciências Agrícolas, julho, Gana

2013: Conferência, Workshop Regional: Envolvimento da Juventude na Fase de Implementação do Programa Abrangente de Desenvolvimento Agrícola em África, maio, Gana

2013: Conferência, Grupo de Reflexão sobre Ciência e Política em África, Nova Parceria Económica para o Desenvolvimento de África Nó de Peixe, Malawi

2013: Conferência, Estratégia Pan-Africana da Juventude sobre Aprendizagem para a Sustentabilidade, Quénia

2013: Conferência, Lançamento da Estratégia Pan-Africana da Juventude sobre Aprendizagem para a Sustentabilidade, novembro, Quénia

2011: Formação, Web 2.0 e redes sociais para o desenvolvimento rural e agrícola, maio, Gana

2010 a 2012: Programa de Pós-Graduação, Programa Internacional de Mestrado em Agricultura, Faculdade de Agricultura e Recursos Naturais, Universidade Nacional Chung Hsing, Taiwan

Printed by Books on Demand GmbH, Norderstedt / Germany